全国高职高专教育"十二五"规划教材

数控机床机械装调与维管技术

主　　编　尤东升

副 主 编　卢李星　吕宜忠

参　　编　严文杰　张新中　孙　蕾
　　　　　蒋　峰

企业参编　孙大伟　王加坤　陈　龙
　　　　　刘　凡　刘　洋　罗小伟

东南大学出版社
·南京·

内 容 简 介

本书以"应用为先,实用至上"为宗旨,以加工中心机械结构为蓝本,详细讲述了数控机床机械结构的安装、调试与数控设备的维护与管理等知识,内容包括:数控机床机械安装调试、自动换刀装置的安装调试、数控机床精度校验、数控机床电气安装及联调、数控系统开机调试和数控设备管理维护等方面。

本书是一本实用性很强的数控机床装调与维修技术用书,对于除了 SIEMENS 和 FANUC 系统以外的其他数控系统也有相当的参考价值,可供从事数控机床装调及维修人员、数控行业的工程技术人员参考,也可供各类职业技术院校、技工学校的相关专业师生使用。

图书在版编目(CIP)数据

数控机床机械装调与维管技术 / 尤东升主编. —南京 : 东南大学出版社,2015.3
ISBN 978-7-5641-5119-5

Ⅰ. ①数… Ⅱ. ①尤… Ⅲ. ①数控机床—安装②数控机床—调试方法 ③数控机床—机械维修 Ⅳ. ①TG659

中国版本图书馆 CIP 数据核字(2014)第 181668 号

数控机床机械装调与维管技术

出版发行:东南大学出版社	
社　　址:南京市四牌楼 2 号　邮编:210096	
出 版 人:江建中	
网　　址:http://www.seupress.com	
经　　销:全国各地新华书店	
印　　刷:江苏圣师印刷有限公司	
开　　本:787mm×1092mm　1/16	
印　　张:13.75	
字　　数:324 千字	
版　　次:2015 年 3 月第 1 版	
印　　次:2015 年 3 月第 1 次印刷	
印　　数:1—3000 册	
书　　号:ISBN 978-7-5641-5119-5	
定　　价:27.00 元	

本社图书若有印装质量问题,请直接与营销部联系。电话(传真):025—83791830

前言
PREFACE

随着机械制造设备的数控化,企业急需掌握数控设备保养与维修技术的技术人员,数控设备的操作人员、维修技术人员急切希望提高自己的技术水平,以适应数控设备保养和维修工作的需要。本书即是为有志于从事数控机床安装、调试、维修、保养与管理人员编写的,书中的内容从数控机床使用与维管要求出发,阐述了数控机床机械的安装调试、自动换刀装置的安装调试、数控机床精度校验、数控机床电气安装及联调、数控系统开机调试、数控设备管理维护等相关技术。由于数控设备的维修多是在无图样与资料的情况下进行的,本书中提供的数控机床技术资料,可以用作数控机床装调人员、维修人员日常工作中的参考。

目前我国使用的数控机床、数控系统种类繁多,一本书中不可能也没有必要涵盖所有数控系统,由于数控系统的结构在本质上是一致的,因此对不同类型的数控机床装调与维护的思路与方法是雷同的。掌握了一种数控机床装调与维护技术,可采用类比的方法,对其他类型数控机床进行维修。本书基于这样的想法,主要介绍加工中心机械结构装调、SIEMENS数控系统机床、FANUC数控系统机床的保养与维管。读者在实际工作中可能维修的并不是本书介绍的数控系统和机械结构,但只要采用类比的方法,不难对相应的设备进行维管与处理。

本书依据数控机床的产品说明书,结合生产实践,介绍了数控机床机械装调方法,阐述数控系统的硬件、参数、伺服驱动以及机械结构的维管,列举了大量数控机床现场图片,深入浅出地探讨了数控机床装调工艺及问题处理方法。本书在编写中注重了实用性和可操作性,力求能满足数控设备维修人员自学和提高的需要。本书可作为数控机床装调维管工作中的参考资料,也可作为数控设备应用与维护、数控技术等专业,甚至作为机械类、电子类学生的教材和参考书。

本书编写过程中承蒙南通科技投资集团股份有限公司、西门子(中国)有限公司、北京发那科机电有限公司等单位、个人的大力协助,并为本书提供了大量资料与实例。同时,也参阅了一些国内外同行的教材、资料与文献,再次一并表示感谢。

本书由尤东升(江苏信息职业技术学院)主编;卢李星(南通科技投资集团股份有限公司)主审;模块一由严文杰(江苏信息职业技术学院)编写;模块二由尤东升(江苏信息职业技术学院)编写;模块三由张新中(济宁技师学院)编写;模块四由吕宜忠(潍坊工商职业学院)编写;模块五由孙蕾(江苏信息职业技术学院)编写;模块六由蒋峰(江苏信息职业技术学院)编写。企业参编人员:孙大伟、王加坤、陈龙、刘凡、刘洋、罗小伟。

限于编者知识与水平,加之时间仓促,书中难免存在疏漏及错误之处,恳请读者批评指正。

编者

2014 年 5 月

目录 CONTENTS

模块一　数控设备介绍

CNC(数控机床)是计算机数字控制机床(Computer Numerical Control)的简称,是一种由程序控制的自动化机床,如图1-1、图1-2所示。此类机床能够逻辑地处理具有控制编码或其他符号指令规定的程序,通过计算机将其译码,从而使机床执行规定好了的动作,通过刀具切削将毛坯料加工成半成品零件。

图1-1　数控车剖视图

图1-2　加工中心剖视图

数控机床一般由下列几个部分组成:

(1)控制介质,具有零件的程序输入、传输等人机对话功能。

(2)数控装置,是数控机床的核心,包括硬件以及相应的软件,用于零件程序处理、插补运算以及实现其他模块信号协调控制等工作。

(3)伺服驱动,它是数控机床执行机构的驱动部件,包括主轴驱动单元、进给单元、主轴电机及进给电机等。它在数控装置的控制下通过电气或电液伺服系统实现主轴和进给驱动。当几个进给联动时,可以完成定位、直线、平面曲线和空间曲线的加工。

(4)机床主体,包括机床身、立柱、主轴、进给机构等机械部件。它是用于完成各种切削加工的机械部件。

(5)辅助装置,指数控机床的一些必要的配套部件,用以保证数控机床的运行,如冷却、排屑、润滑、照明、监测等。它包括液压和气动装置、排屑装置、交换工作台、数控转台和数控分度头,还包括刀具及监控检测装置等。

课题一　数控设备的分类

数控设备根据其用途不同可分为不同种类，其最大的区别就在机械执行部件的设计上。我们要熟悉数控机床机械装调，必须先从了解数控设备的分类开始。当前，国内企业最常见使用的数控设备有数控车、数控铣和加工中心等数控机床。因此，大家在了解以下数控设备分类的同时，注意同常见数控机床的机械部分做一下比较。

一、金属切削类

金属切削类数控设备与普通切削类设备都要利用金属切削原理的研究成果，使机器零件的加工达到经济、优质和高效率的目的。因此，在设计数控机床和控制切削过程时，数控设备的效率更高，更容易保证加工零件的精度。由此，使用数控设备加工的零件寿命更长，可靠性更好。

数控机床的发展中，值得一提的是加工中心。这是一种具有自动换刀装置的数控机床，它能实现工件一次装卡而进行多工序的加工。这种产品最初是在 1959 年 3 月由美国卡耐·特雷克公司(Keaney & Trecker Corp.)开发出来的。这种机床在刀库中装有丝锥、钻头、铰刀、铣刀等刀具，根据穿孔带的指令自动选择刀具，并通过机械手将刀具装在主轴上，对工件进行加工。它可缩短机床上零件的装卸时间和更换刀具的时间。加工中心现在已经成为数控机床中一种非常重要的品种，不仅有立式、卧式等用于箱体零件加工的镗铣类加工中心，还有用于回转整体零件加工的车削中心、磨削中心等。

金属切削类数控机床大体可分两类：数控车和数控铣。

1. 数控车

数控车床常见的有三种，分别为：简易型数控车床(图 1-3)、全封闭斜床身数控车床(图 1-4)及多功能车削中心(图 1-5)。

图 1-3　简易型数控车床

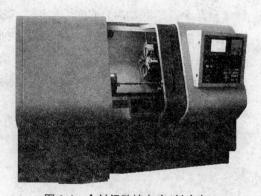

图 1-4　全封闭数控车床(斜床身)

图 1-5 多功能车削中心

简易数控车床是一种经济、实用的万能型加工机床,产品结构成熟,性能质量稳定可靠。初学者可以从此类机床入手训练数控车床的机械安装调试技能。

全封闭数控车床相对于简易型数控车床表现在防护罩的封闭式设计,由于冷却、排屑以及多功能刀架等设计需要,斜床身更符合加工要求。但是,斜床身数控车床机械部件的安装调试(特别是滚珠丝杠)与直床身的相似。

多功能车削中心在结构与功能上主要添加了自动排屑机构、动力刀架等装置,但是,其床身等主要机械部件安装工艺与上面两种机床相同。

2. 数控铣

常见铣床类数控机床,可以根据是否具备刀库而分为数控铣和加工中心(带自动刀具交互装置 ATC—Automatic Tool Change)。而加工中心可以进行如下分类:

表 1-1 加工中心分类

加工中心	立式加工中心	1. 转塔式换刀加工中心
		2. 链轮式换刀加工中心
	卧式加工中心	1. 单工作台式加工中心
		2. 双工作台交换(多工作台(托盘)自动交换装置 APC—Auto Pallet Changer)式加工中心

图 1-6 数控铣

简易数控铣,精度一般在 0.02 mm 左右,硬轨,适用于中小型企业。

图 1-7　简易型立式加工中心

简易型立式加工中心(转塔式也称斗笠式)无机械手,换刀速度较慢(图 1-7)。卧式加工中心(链轮式)有机械手换刀装置(图 1-8)。

图 1-8　卧式加工中心

图 1-9　大型龙门式加工中心

另外,金属切削类数控机床包括:数控车床、数控钻床、数控铣床、数控磨床和数控镗床等。这些机床都有适用于单件、小批量和多品种的零件加工,具有很好的加工尺寸的一致性、很高的生产率和自动化程度,以及很高的设备柔性。

二、金属成型类

当今工业生产中,产品开发周期和制造周期越来越短,对产品的质量要求越来越高。同时,产品的品种也越来越多,产品的批量也越来越小,这对钣金业是个挑战,因而要求钣金加工设备以具有高生产率、高柔性及较低的生产成本为特征。为了迎合这一加工理念,国内外的厂家不断开发与完善其设计制造技术,为钣金加工业提供了系列化的 CNC 板材加工设备,如数控冲床、数控折弯机、数控激光切割机、数控剪板机等。

图 1-10 数控折弯机

图 1-11 数控高速多工位转塔式板金中心

图 1-12 数控弯管机

数控高速多工位转塔式板金中心,有 24 个刀库工位,板金中心,能大大减少冲压模具的制造成本。

数控弯管机,能提高弯管精度,减少了操作人员的劳动强度。

三、特种加工类

除了切削加工数控机床以外,数控技术也大量应用于数控电火花线切割机床、数控电火花成型机床、数控等离子弧切割机床、数控火焰切割机床以及数控激光加工机床等。最典型的是电火花加工,电火花加工是建立在"电蚀"基础上,在一定介质中通过工具电极和工件之间的脉冲性火花放电的电腐蚀作用来蚀除多余的金属,从而获得所需的尺寸、形状及表面质量。电火花的加工原理,是由脉冲电源输出的电压,加在液体介质中的工件、工具电极上,使电极与工件之间保持一定的间隙,当电压升高时,会在某一间隙最小处或绝缘强度低处击穿介质,产生火花放电瞬时高温,使电极和工件表面都被腐蚀掉一小块材料,各自形成一个凹坑。

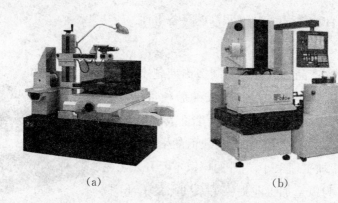

（a） （b）

图 1-13 数控电火花线切割机床

数控电火花线切割机床，精度较高，表面加工质量也较好，线切割快丝精度较差，但能替代在数控铣床上不能加工的部分。

四、测量、绘图类

三坐标测量仪的测量方式通常可分为接触式测量、非接触式测量和接触与非接触并用式测量。其中，接触式测量方式常用于机加工产品、压制成型产品、金属膜等的测量。为了分析工件加工数据，或为逆向工程提供工件原始信息，经常需要用三坐标测量仪对被测工件表面进行数据点扫描。

三坐标测量仪的扫描操作是应用 DMIS 程序在被测物体表面的特定区域内进行数据点采集，该区域可以是一条线、一个面片、零件的一个截面、零件的曲线或距边缘一定距离的周线等。将被测物体置于三坐标测量空间，可获得被测物体上各测点的坐标位置，根据这些点的空间坐标值，经计算求出被测物体的几何尺寸、形状和位置。

三坐标测量仪也能应用到逆向工程。逆向工程是利用从实体模型采集数据信息，并反馈到 CAD/CAM 系统进行设计制造的一个过程。它可有效地协助完成逆向工程应用。通过利用坐标测量仪，探测所要实现逆向工程设计的零件表面，利用专业软件对采集数据进行处理，生成该零件直观的图形化表示，进行有关设计更改，并经过性能模拟测试。这样，就大大缩短了设计时间，简化了零件的调整和评估时间。三坐标龙门式测量仪，一般用于大型零件的检测，或逆向加工。

图 1-14 三坐标测量仪

课题二 FANUC 系统及其硬件连接

一、认识 FANUC 系统

FANUC 系统是日本富士通公司的产品,通常其中文译名为发那科。FANUC 系统进入中国市场已有非常悠久的历史,有多种型号的产品在使用,其中使用较为广泛的产品有 FANUC0(i)/21(i)/18(i)/16(i)/15(i)/32(i)/31(i)/30(i)等。在这些型号中,使用最为广泛的是 FANUC 系列。

该系统在设计中大量采用模块化结构。这种结构易于拆装、各个控制板高度集成,使可靠性有很大提高,而且便于维修、更换。FANUC 系统设计了比较健全的自我保护电路。

该系统的可编程控制器功能强大,便于数控机床制造商开发控制程序,而且增加了编程的灵活性。系统提供串行 RS232C 接口,以太网接口,能够完成 PC 和机床之间的数据传输。FANUC 系统性能稳定,操作界面友好,系统各系列总体结构非常的类似,具有基本统一的操作界面。FANUC 系统可以在较为宽泛的环境中使用,对于电压、温度等外界条件的要求不是特别高,因此适应性很强。

二、系统连接

1. 0i C 系统连接

FANUC 出厂的 0i C/0i-Mate-C 包括加工中心/铣床用的 0i C/0i-Mate-C 和车床用的 0i TC/0i-Mate-TC 各种系统一般配置如下:

表 1-2 0i C 系统一般配制

系统型号		用于机床	放大器	电机
0i C 最多 4 轴	0iMC	加工中心,铣床	αi 系列放大器	αi,αis 系列
	0iTC	车床	αi 系列放大器	αi,αis 系列
0i-Mate-C 最多 3 轴	0i Mate MC	加工中心,铣床	βi 系列放大器	βi,βis 系列
	0i Mate TC	车床	βi 系列放大器	βi, βis 系列

0i C 连接图如图 1-15 所示:

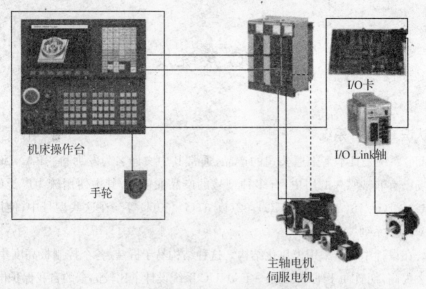

图 1-15　FANUC 0i-MC 系统连接原理图

2. 0i D 系统连接

0i-MD 连接图如图 1-16 所示。

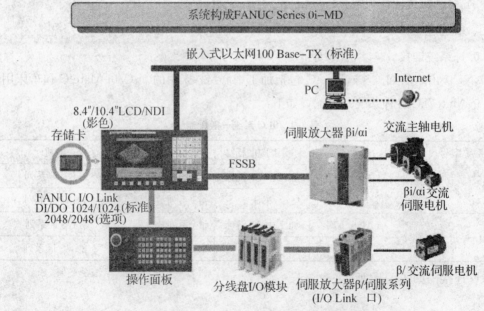

图 1-16　FANUC 0i-MD 系统连接原理图

三、数控系统及其控制对象

1. 数控装置

FANUC 系统正面如图 1-17 所示,该系统上面为系统显示器和编辑键盘,下面为外部控制面板。若显示器为 CRT 显示器,则采用独立 NC 装置(例如 0iA 型);若采用液晶显示器,则后方(见图 1-18 所示)设计有 NC 装置(例如 0iC 型)。

图 1-17　FANUC 系统编辑键盘及外部控制面板

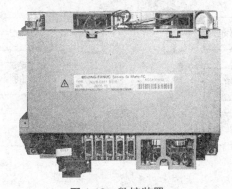

图 1-18　数控装置

2. 伺服驱动

FANUC 的伺服驱动常见有 α[如图 1-19(a)]和 β[如图 1-19(b)]型驱动器,用来驱动电机。

(a) α 型驱动器　　　　　　　　(b) β 型驱动器

图 1-19　伺服驱动

3. 电机

电机由旋转伺服电机及直线电机两种，如图 1-20 所示。

图 1-20 伺服电机

4. 机床主体

以上数控系统、各伺服模块及电机的驱动对象如图 1-21 所示，分别有：床身、床鞍、工作台、立柱、主轴、铣头及刀库等。

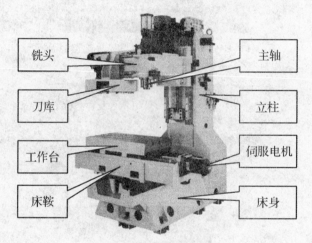

图 1-21 机床主体示意图

5. 辅助装置

有些数控设备功能强大，例如全闭环系统的测量装置光栅尺、五轴加工中心的链式刀库、回转工作台及自动排屑系统等。

图 1-22 光栅尺

图 1-23　链式刀库　　　　图 1-24　回转工作台　　　　图 1-25　排屑系统

课题三　SIEMENS 系统及其硬件连接

一、认识西门子系统

SIEMENS(西门子)公司的数控装置采用模块化结构设计,经济性好,在一种标准硬件上,配置多种软件,使它具有多种工艺类型,满足各种机床的需要,并成为系列产品。随着微电子技术的发展,越来越多地采用大规模集成电路(LSI)、表面安装器件(SMC)及应用先进加工工艺,所以新的系统结构更为紧凑,性能更强,价格更低。采用 SIMATICS 系列可编程控制器或集成式可编程控制器,用 SYEP 编程语言,具有丰富的人机对话功能,具有多种语言的显示,SIEMENS 数控机床由 CPU、BUS、存储器、HMI、I/O 接口等组成。

二、系统连接

1. 802D BL 系统连接

802D BL 系统是把 PCU、输入输出模块、控制面板、驱动系统、伺服电机电器及电机等部件连接在一起,并进行调试。

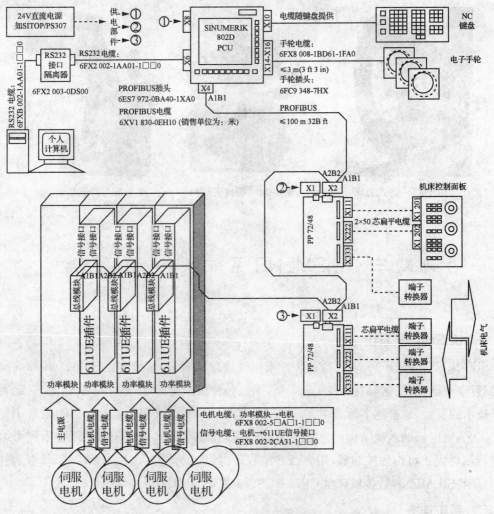

图 1-26　SIEMENS 802D BL 系统连接原理图

2. 802D SL 系统连接

SIEMENS 802D SL 是一个集成所有数控系统元件(数字控制器、可编程控制器、人机操作界面)于一体的操作面板安装形式的控制系统。它集成和连接以下元件:最大可以连接 2 个电子手轮,小型手持单元,通过 I/O 模块 PP 72/48 或通过 MCPA 模块控制的机床操作面板,MCPA 模块被插入安装在 PCU 210 的后背板。MCPA 模块可以连接机床控制面板,同时具有用于模拟主轴的模拟接口。最大可以连接 3 个 I/O 模块 PP 72/48。

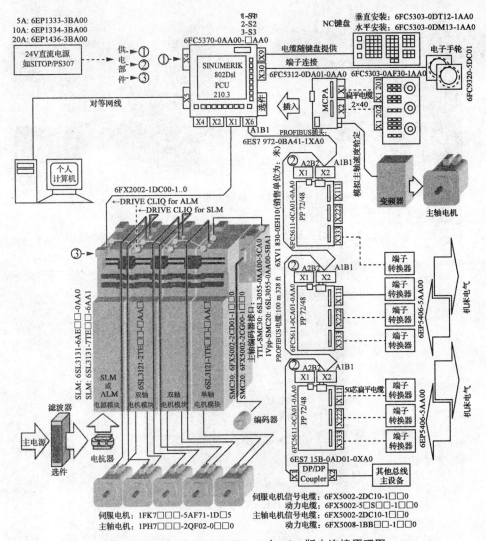

图 1-27　SIEMENS 802D SL pro 与 plus 版本连接原理图

三、数控系统及其控制对象

1. 数控装置

西门子系统除了抢眼的显示器外,编辑面板和外部控制面板如图 1-28 所示。

图 1-28　SIEMENS 系统编辑键盘及外部控制面板

西门子系统主要使用在高档数控设备中,它的最先进型号 840D 和简化版 810D 如

图 1-29 所示。

图 1-29 数控装置

2. 伺服驱动

西门子数字伺服驱动模块有主流的 802D BL 系统配套 611U/Ue（如图 1-30）、840D 系统配套的 611D 和最新型的 Sinamics S120 驱动器。

图 1-30 伺服驱动

课题四　国产主要数控系统介绍

一、认识广州数控系统

广州数控系统是国内数控系统第一品牌，知名度大，和绝大部分数控厂家和台资企业都有合作。基本功能完备，可靠性好，占据绝大部分的中低端市场。

图 1-31 广州数控系统

二、认识华中数控系统

华中数控前身是武汉华中科技大学，国有企业。它以通用的工业 PC 机（IPC）和 DOS、Windows 操作系统为基础，采用开放式的体系结构，使华中数控系统的可靠性和质量得到了保证。它适合多坐标（2～5）数控镗铣床和加工中心，在增加相应的软件模块后，也能适应于其他类型的数控机床（如数控磨床、数控车床等）以及特种加工机床（如激光加工机、线切割机等）。

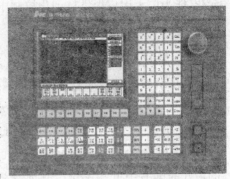

图 1-32　华中数控系统

三、认识北京航天数控系统

北京航天数控系统有限公司（以下简称航天数控）隶属于中国航天科工集团第二研究院，是国家定点机床数控系统研发中心和产业化基地，主要从事机床数控系统及其配套产品的设计、开发、生产、销售和服务、机床数控化改造工程。

"航天 CASNUC6000 型全数字高档数控装置"和"航天 DS60 型全数字驱动装置及交流伺服电机、主轴电机"两个课题。突破了多项高档数控关键技术，提高了我国高档数控装置的功能和性能，为实现高档数控装置产业化奠定了基础。

图 1-33　北京航天数控系统主机

航天数控拥有自己的中试车间和机床改造车间，从事机床数控系统改造十余年，先后为百余家企业进行了机床数控化改造，并于 2003 年获得 A 级机床改造资质，2008 年经过协会严格的复查，被评为具有 AA 级机床改造资质的公司。

四、认识南京大地数控系统

南京大地数控科技有限公司（原南京微分电机厂江南机床数控工程公司）是从事机床数控及工业自动化产品研制、生产及营销服务的科技型企业。大地数控以先进的技术和丰富的经验致力于机床数控产品的创新，公司拥有一支年富力强、技术实力雄厚的专业人才队伍，在技术上始终紧跟世界先进水平及借鉴国内优势，博采众长，不断推陈出新。目前，大地数控产品已系列化、多

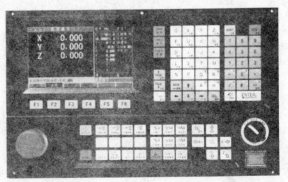

图 1-34　南京大地数控系统主机

元化,能为广大用户提供自动化控制中步进电机到交流伺服电机的一揽子解决方案及相关配套产品。

五、认识北京凯恩帝数控系统

北京凯恩帝数控是仅次于广州数控的国内系统厂家,知名度大,也和绝大部分数控厂家和台资企业都有合作。具有强烈模仿FANUC风格的痕迹,在国内系统里目前是做的最好的国有中低端系统。其前身是北京第三机电研究所。产品基本功能完备,可靠性很好,具有中低端市场影响力。2006年销售了1万多套系统。该公司追求高品质高性能产品,以振兴中国数控系统为目标,以FANUC为对

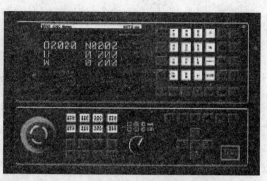

图1-35 北京凯恩帝数控系统主机

象,不断在技术上取得进步和突破。目前的1000T2和M2在性能上大抵和FANUC 10相当。在国内经济普及型系统中,是功能最强大和稳定的系统。

模块二 加工中心机械安装调试

数控设备的功能差异决定了其机械部分的差别。当前,常见数控设备主要为数控车床、数控铣床和加工中心。数控铣床与加工中心主要区别在于是否配置刀库,刀库部分将在模块三进行讲述。由于数控车床的 X 轴与加工中心的床鞍装配相类似,数控车床与加工中心床身的装配相类似,因此,本书选取了三轴加工中心作为讲解的载体,并仅对旋转电机及滚珠丝杠的配置进行分析,以此触类旁通。对于直线电机、分度头和旋转工作台等高端机械部件希望大家逐步补充。图 2-1 所示为加工中心装配实物图。

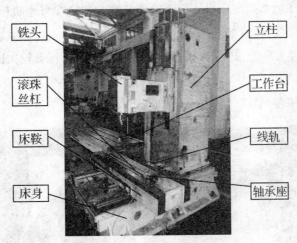

图 2-1 加工中心装配实物图

加工中心的装配按照床身⇒床鞍⇒工作台⇒立柱和主轴的顺序进行。本模块优选归纳为七个课题(见表 2-1),供交流学习使用。

表 2-1 模块二的课题目录

课题序号	课题名称	课题序号	课题名称
课题一	装调准备——床身调平	课题五	立柱与铣头配研与装配
课题二	导轨的安装与调试	课题六	工作台与床鞍、立柱与床身精度校正
课题三	轴承座的安装与调试	课题七	油路安装与检测
课题四	滚珠丝杠的安装与校验		

课题一　装调准备——床身调平

⚙ 任务引入

加工中心装配时首先必须进行床身调平。要求如下：调整调节螺栓，使机床工作台处于水平，并使床鞍能够沿床身上的矩形导轨运动。

⚙ 任务分析

床身是整个机床的基础。床身底面通过调节螺栓和垫铁与地面相连。床身的调平是通过垫块和调节螺栓来实现的（如图2-2）。

床身调平有其重要的意义，它对以后的装配精度的调节有着较大的影响，是以后各项装配的基础。

但在机床几何精度调整时，还要对机床重新调平。

图2-2　垫块与螺栓

⚙ 任务实施

一、安装垫块

把床身吊起，将垫块放在床身螺孔下。如图2-2所示。

二、放置水平仪

将两水平仪垂直放在床身上。如图2-3所示。

图 2-3　水平仪垂直放置

三、调节床身水平

通过调节床身四角上的螺栓,使床身达到水平。

课题二　导轨的安装与调试

🔍任务引入

为了保证加工中心轴运动符合数控系统轨迹计算要求,机械装配的重点在于导轨与滚珠丝杠的装配。具体要求如下:

1. 用相应的丝攻对导轨面和侧面的螺孔进行回攻。

2. 刮研滑块安装面,检查接触点在 25×25 内不少于 8 点,且 0.03 mm 塞尺不得塞入。

3. 刮研后用汽油对各螺孔清洗,然后擦拭干净。

图 2-4　线轨装配

任务分析

本课题可以分为以下几步来进行,课题计划方案见表2-2:

表 2-2

步骤	课题方案	检测要求
1	床身及各部件倒角,去毛刺,回攻各螺孔并清洗干净	略
2	将线轨用扭力扳手以 80 N·m 的扭力紧靠小立面安装于床身导轨上	检查两根线轨之间的平行度(两个方向)≤0.01/全长,直线度≤0.01/全长

相关知识

一、线性滑轨

为了能使机床各负载平台能沿着滑轨轻易地以高精度做线性运动,其摩擦系数尽可能降低,使之能轻易地达到 μm 级的定位精度等优点,故采用线性滑轨作为负载导轨面。线性滑轨装配是数控加工中心装配的重要环节之一,其安装精度的高低直接影响到机床的运行加工精度的高低,所以安装精度要求较高。

HIWIN 线性滑轨是一种滚动导引,它由钢珠在滑块(如图 2-5)与线规之间做无限滚动循环,使得负载平台能沿着滑轨轻易地以高精度做线性运动,其摩擦系数可降至传统滑动导引的 1/50,使之能轻易地达到 μm 级的定位精度。滑块与滑轨间的末制单元设计,使得线形滑轨可同时承受上下左右等各方向的负荷,专利的回流系统及精简化的结构设计让 HIWIN 的线性滑轨有更平顺且低噪音的运动。

其特点是:低噪音设计;高速设计;提升运动平滑度;均匀润滑寿命增加。

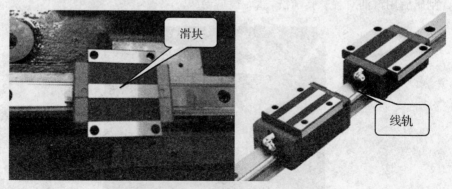

图 2-5　线性滑轨

二、刮削

刮削是一种利用刮刀在工件表面去除一层薄层,而使工件达到精度要求的加工方法。

刮削加工属于精加工。它是机械加工中一项重要的加工方法，具有很大的优越性，刮削加工的特点有切削量小、切削力小、产热量小、加工方便和装夹变形小等特点。同时，通过刮削加工，能使工件获得非常高的形位精度、尺寸精度、接触精度等。而且，通过刮削，可以在工件表面形成比较均匀的微浅凹坑，这样的结构有利于存储润滑油，工件具有良好的储油条件。与此同时，在刮削过程中，由于刮刀对工件施以反复的推挤和压光作用，使得工件表面组织紧密，同时，也可以获得较低的表面粗糙度。通过以上所述，利用刮削方法，可以获得一般机械加工方法难以达到的精度要求。所以，刮削在机械制造中发挥着极其重要的作用。

一般情况下，刮削加工的刮削量是很少的，所以，留给刮削加工的余量是很少的，一般约在 0.05～0.4 之间。具体来说，一般是根据刮削面积的大小而确定，面积大，加工误差大，余量大一些，面积小，加工误差小，余量小一些。如果工件刚度较差，容易变形，刮削余量最好留得多一些。

1. 刮刀

刮刀是刮削的主要工具，刮刀应具有很高的韧性，由于频繁刮削，刮刀的刀头应该具有很高的硬度，并且，还要保持刃口的锋利程度。所以，刮刀的材料一般为碳素工具钢（T10A，T12A）或弹性较好的 GCr15 滚动轴承钢。如果所刮削的工件硬度较高，最好焊上硬质合金。按照用途分类，有平面刮刀和曲面刮刀两种。

（1）平面刮刀　平面刮刀主要用于刮削平面或外曲面。按照刮刀的精度要求，刮刀分为粗刮刀、细刮刀、精刮刀三种。

（2）曲面刮刀　曲面刮刀主要用于刮削内曲面，常用的有三角刮刀和蛇头刮刀。

2. 刮削方法

（1）手刮法　手刮法是刮削常用的方法，有很多优点，如动作灵活、适应性强、姿势可合理掌握，但容易疲劳，所以一般用于加工余量不大的场合。手刮法的握刀方法为，左手靠前按住刮刀，右手四指向下蜷曲握住距刀斗约 50 mm 处，刮刀与被刮削面成 25°～30°的角度。刮削时，左脚向前一步，推刮的同时，上身向前倾斜，以增加左手压力和看清研点。右臂利用上身摆动向前推进，同时左手下压，引导刮刀前进，到达所需距离后，迅速提起刮刀。

（2）挺括法　挺括法适用于刮削余量较大场合。刮削时，刀柄放在小腹右下侧，用双手握刀，左手在前，距离刀刃约 80 mm 处，右手在后。利用腿部和臀部的力量把刮刀向前推进，到达所需距离后，迅速提起刮刀。

3. 平面刮削

一般情况下，平面刮削分为粗刮、细刮、精刮和刮花四个步骤。

（1）粗刮　粗刮主要是在整个刮削平面上连续推铲，均匀地进行刮削。当刮削平面达到 25 mm×25 mm 内有 2～3 个研点时，粗刮完成。

（2）细刮　细刮一般采用短刮法，即刀迹长度约为刀刃的宽度。在刮削时，刀迹应随着研点的增多而逐步缩短。第一遍刮削时，刀痕方向应一致，从第二遍以后，应交叉刮削，直至

被刮削面达到 25×25 mm 内有 $12 \sim 15$ 个研点时,细刮完成。

(3)精刮 精刮的主要目的是进一步增加研点数量,以达到所要求的加工精度要求。所以采用点刮法,轻落刀,快提刀,每个研点只刮一刀,且始终交叉刮削。在精刮过程中,我们要根据研点的亮度进行刮削,即研点越亮,刮削越多。但具体刮削多少,就需要在实践中慢慢摸索。

◉ 任务实施

一、操作注意事项

1. 线性滑轨产品在出货前均涂适量的防锈油,需先将防锈油擦拭干净,才能进行安装调试。

2. 因为线性滑轨的滑块由许多塑料零件组成,清洗时请避免有机溶剂接触或浸泡这些零件,以免造成产品损坏。异物进入滑块内是造成滑块故障的原因之一,应注意予以避免。

3. 安装线性滑轨时,请勿将滑块卸下。如需将滑块自滑轨上拆下或装上时,请使用所附的假轨。

二、工具准备

本任务中需要采用的工具见表 2-3:

表 2-3

序号	工量具名称	用途
1	扭矩扳手	扭矩扳手(Torque Wrench),也叫扭力扳手或力矩扳手,可以在紧固螺丝、螺栓、螺母等螺纹紧固件时需要控制施加的力矩大小,以保证螺纹紧固且不至于因力矩过大破坏螺纹
2	六角扳手	两端具有带六角孔或十二角孔的工作端,适用于工作空间狭小,不能使用普通扳手的场合
3	锉刀	锉刀是用碳素工具钢 T12 或 T13 经热处理后,再将工作部分淬火制成的
4	千分表	千分表(Dial Indicator)是通过齿轮或杠杆将一般的直线位移(直线运动)转换成指针的旋转运动,然后在刻度盘上进行读数的长度测量仪器
5	水平尺	一种长距水平尺,其特征在于是由可撒开测量的左尺(1)、右尺(4)两啮合组成水平尺主体。这种水平尺既能用于短距离测量,又能用于远距离的测量,也解决现有水平仪只能在开阔地测量,狭窄地方测量难的缺点,且测量精确,造价低,携带方便,经济适用
6	丝攻	丝攻(Taps),丝锥的别名。涂层丝攻,性能提高 $30\% \sim 200\%$ 丝攻一种加工内螺纹的刀具,沿轴向具有沟槽。它也被叫做丝锥、螺丝攻、牙攻等。丝攻是广东地区的通俗叫法

注:工量具详细内容见本书附录一。

三、实施步骤

1. 导轨面的刮研

在安装线性滑轨前要对床身导轨面去锈和毛刺,在研刮前对导轨面和侧面的螺孔用相应的丝攻进行回攻。可通过油石(图 2-6)在导轨面的直线方向上均匀研刮,研刮后用汽油对各螺孔清洗,然后擦拭干净。

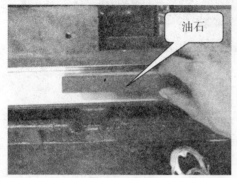

图 2-6 油石

图 2-7 刮研

2. 线轨的安装

线性滑轨的精度要求较高,所以在搬运及拆封过程中要轻拿轻放,并且要水平搬动,防止滑块从线轨上滑出。在拆封后,手要从上方抓住线轨两侧,不得用手握住线轨底部(防止手上有异物影响装配精度)。

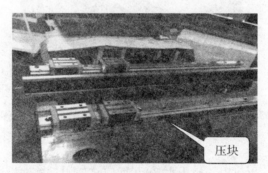

图 2-8 压块

安装时,先将线轨一端放到床身导轨上,调整线轨与小立面的位置,在线轨垂直方向加一定的下压力,水平方向匀速推进至两端与床身对齐。在放线轨时要注意不要将两侧线轨放反,基准线轨侧面对应床身基准导轨小立面,线轨上的箭头(如图 2-9)应都指向内侧。在两侧线轨安放好后,将线轨用螺母预紧在床身上(有力不宜大),在线轨侧面装压块(如图 2-8),并旋紧。用六角扳手将线轨上螺母逐渐旋紧,然后用扭力扳手(80N·m)最终旋紧螺母。在使用扭力扳手旋紧线轨螺母时,扳手柄与线轨之间的夹角尽可能小(例如 40°~50°,如图2-10)。

图 2-9　线轨指示箭头

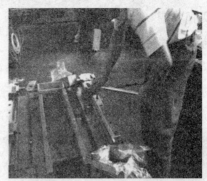

图 2-10　线性滑轨安装

3. 线轨的装配校验

将线轨用扭力扳手以 80N·m 的扭力紧靠小立面安装于床身导轨上,检查两根线轨之间的平行度(两个方向)≤0.01/全长,直线度≤0.01/全长。

在校检时,先将水平尺放在两线轨之间(如图 2-11),将千分表固定在一线轨的滑块上,调节好千分表的位置,通过移动滑块和调节水平尺两端的等高块,使水平尺与该线轨保持一致的直线度和水平度,再以水平尺为基准,校检另一根线轨,如果精度超差,通过分析可能的原因并作出相应的处理。

图 2-11　水平尺

在现场操作过程中,也可以不使用水平尺,而直接使用千分表检测两根线轨之间的直线度和平行度。即将千分表固定在一根线轨滑块上,表针打在另一根线轨的对应滑块或直接是线轨表面,检测两线轨直线度,将表针打在线轨侧面或滑块侧面,检测两线轨平行度。在此过程中要特别注意:在做检测时,要以基准导轨(HGH45P 98472-1015-MA)为测量基准。

4. 检查完善

在自检合格后对工作环境进行整理、清洁,待专检人员检验合格后填写加工中心安装检验记录表,并为下一工序做准备工作。

⏱ 评分标准

表2-4

组别：　　　　　考件号：　　　　　考核日期：　　　　　年　　月　　日

序号	项目名称	配分	得分	备注
1	基本操作	80		
2	现场考核	20		
合计		100		

考试时间：90分钟

表2-5　基本操作评分记录表

序号	考核内容	考核要求	配分	实测	得分
1	线轨的搬运	型号选择正确、搬运规范	5		
2	安装面和螺孔的清理	回攻、倒角、去毛刺、去锈、清洗	10		
3	装线轨	正确安装	20		
4	压块的安装	正确安装	10		
5	对表初校	正确安装	5		
6	精度调整	不准锉削	5		
7	精度检查	精度在≤0.01 mm	15		
8	接触点检查	25×25 mm 内≥8 点	5		
9	接触面检查	0.04 mm 塞尺不得塞入	5		
合计			80		

考评员：　　　　　　　　　　　　　　　　　　　年　　月　　日

表2-6　现场考核情况评分记录表

序号	考核内容	考核要求	配分	评分标准	得分
1	安全文明	正确执行安全技术操作规程做到工地整洁,工件、工具摆放整齐。	10	造成重大事故,考核全程否定	
2	设备使用	机床整洁无杂物,机床四周无杂物	5	违规扣3～5分	
3	工量具使用	正确使用工量具	5	违规扣3～5分	
合计			20		

课题三　轴承座的安装与调试

任务引入

轴承座的安装将决定滚珠丝杠的直线度,以及其与导轨的平行度。轴承座的安装与调试要求为:

1. 熟悉轴承装配过程及其工艺。
2. 正确使用千分表等量具检测安装精度。
3. 熟练使用铲刀、锉刀等工具。
4. 了解轴承座和电机座装芯棒装配精度对机床整体的影响。

任务分析

轴承座和电机座装芯棒的安装与调整是滚珠丝杠安装的基础,其精度的高低直接影响到滚珠丝杠安装精度能否达标。由于此装配与校检难度较大,所以要求装配者要细心操作,耐心校检,保证装配精度。

本课题可以分为以下几步来进行,课题计划方案见表 2-7:

表 2-7

步骤	项目方案	检测要求
1	各部件倒角,去毛刺,回攻各螺孔并清洗干净	略
2	装芯棒校正两轴承孔中心线对床身导轨面的平行度	平行度小于等于 0.01
3	如果轴承座刮研过,需检查区域接触点数量	接触点在 25×25 内大于等于 8 点,并用 0.3 塞尺不得塞入

任务实施

一、工具准备

本任务中需要采用的工具见表 2-8:

表 2-8

序号	工量具名称	用途
1	千分尺	螺旋测微器又称千分尺(Micrometer)、螺旋测微仪、分厘卡,是比游标卡尺更精密的测量长度的工具,用它测长度可以准确到 0.01 mm,测量范围为几个厘米。知名品牌:安一量具、哈量、成量、青量、上工、瑞士 TESA、日本 Mitutoyo 等
2	扳手	扳手(Spanner;Wrench)用以拧紧或旋松螺钉、螺母等的工具
3	锉刀	锉刀(File)用以锉削的工具,配合面及螺孔倒角用
4	铲刀	用于铲刮工艺处理的工具

注:工量具详细内容见本书附录一。

二、实施步骤

1. 清洗

在轴承座和电机座装芯棒之前,要对安装部件和床身安装面除锈及去毛刺,并用汽油清洗干净。

2. 装芯棒校检床身轴承座

先用千分表检测芯棒上母线(如图 2-12),要求芯棒前端比后端高 0.01 mm,如果精度超差,用铲刀刮研轴承座的装配面(如图 2-13),直至精度达到要求。松开螺母对芯棒分中,用千分表检测芯棒侧母线(平行度≤0.01 mm),芯棒分中误差在 0.04 mm 以内。在侧母线调节好后,将千分表停在芯棒侧母线上,用扳手在不改变精度的情况下收紧螺母,并打孔装定位销(如图 2-14),拆除芯棒。

图 2-12　千分表检测芯棒上母线

图 2-13　铲刀刮研轴承座

图 2-14　打孔装定位销

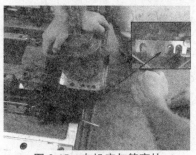

图 2-15　电机座与等高块

床身电机座的芯棒检测的要求和方法与轴承座芯棒校检一样,但要注意,此时并不安装定位销,待丝杠校检好后才可装。电机座与床身之间的等高块安装方向一定要正确(如图 2-15),否则影响定位销的安装。

3. 检查完善

在专检之前,一定要充分自检,确保安装精度达到要求。在用千分表检测芯棒上母线时,选择基准线轨上相应滑块作为检测基准,并尽可能保持滑块匀速滑动。每次读数时,确保千分表触头在上母线,即千分表偏动数值最大。要求芯棒前端比后端高 0.01 mm。分中检测时,搬动千分表要轻拿轻放,触头缓慢靠近芯棒表面。芯棒分中误差在 0.04 mm 以内。

 评分标准

表 2-9

组别:　　　　　考件号:　　　　　考核日期:　　　　年　　月　　日

序号	项目名称	配分	得分	备注
1	基本操作	80		
2	现场考核	20		
合计		100		

考试时间:90 分钟

表 2-10　基本操作评分记录表

序号	考核内容	考核要求	配分	实测	得分
1	芯棒拆装	正确拆装芯棒	5		
2	安装面和螺孔的清理	回攻、倒角、去毛刺、去锈、清洗	10		
3	对表初校	正确安装	20		
4	安装面铲刮	安全、正确操作	10		
5	上母线精度检查	芯棒前端比后端高 0.01 mm	5		
6	分中精度检查	精度在≤0.04 mm	15		
7	侧母线精度检查	精度在≤0.01 mm	5		
8	接触点检查	25×25 mm 内≥6 点	5		
9	接触面检查	0.04 mm 塞尺不得塞入	5		
合计			80		

考评员:　　　　　　　　　　　　　　　　　　　　　年　　月　　日

表 2-11　现场考核情况评分记录表

序号	考核内容	考核要求	配分	评分标准	得分
1	安全文明	正确执行安全技术操作规程;做到工地整洁,工件、工具摆放整齐	10	造成重大事故,考核全程否定	
2	设备使用	机床整洁无杂物,机床四周无杂物	5	违规扣3～5分	
3	工量具的使用	正确使用工量具	5	违规扣3～5分	
合计			20		

课题四　滚珠丝杠的安装与校验

任务引入

导轨与轴承座(两端)安装后之后,将进行滚珠丝杠的安装,注意滚珠丝杠必须预拉伸。任务要求如下:

1. 了解滚珠丝杠型号,并能正确选用。
2. 了解万能组合轴承。
3. 熟练使用工量具。
4. 熟练掌握装配步骤和装配技巧。

任务分析

滚珠丝杠的安装精度直接影响到整台机床的工作精度,所以丝杠的安装一定要一丝不苟,争取将误差降到最低。

本课题可以分为以下几步来进行,课题计划方案见表 2-12:

表 2-12

步骤	项目方案	检测要求
1	各部件倒角,去毛刺,回攻各螺孔并清洗干净	略
2	装丝杠,加预紧力拉伸丝杠用表检查丝杠拉伸量	拉伸量符合技术要求,并手动丝杠轻松无阻尼
3	检查丝杠对床身导轨面的平行度	
4	检查丝杠对床身等各部件,二次装配丝杠,检测丝杠对床身导轨面的平行度	平行度小于等于0.01

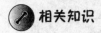

相关知识

滚珠丝杠螺母副

滚珠丝杠螺母副是直线运动与回转运动能相互转换的传动装置(如图 2-16)。

滚珠丝杠螺母副结构原理示意图(如图 2-17)所示。在丝杠和螺母上都有半圆形的螺旋槽,当它们套装在一起时便形成了滚珠的螺旋通道。螺母上有滚珠回路管道。将几圈螺旋滚道的两端连接起来,构成封闭的循环滚道。当丝杠旋转时,滚珠在滚道内既自转又沿滚道循环转动。因而迫使螺母(或丝杠)轴向移动。

滚珠丝杠螺母副的循环方式可分为外循环和内循环两种,而现在一般使用的是内循环滚珠丝杠螺母副。螺旋滚道型面可以分为单圆弧型面、双圆弧型面和矩形滚道型面。其中双圆弧型面的滚珠与滚道只在内切的两点接触,且接触角不变,两圆弧交接处有一小间隙,可容纳些脏物。这对滚珠的流动有利。而矩形滚道型面制造容易,但只能承受轴向载荷,且承载能力低。不同的滚珠丝杠螺母副其间隙的调节方式也不同,大体可分为双螺母消隙式和单螺母消隙式。

图 2-16 滚珠丝杠螺母副

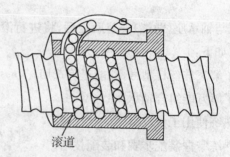

滚道

图 2-17 滚珠丝杠螺母副结构原理示意图

任务实施

一、工具准备

本任务中需要采用的工具见表 2-13:

表 2-13 工具准备

序号	工量具名称	规格
1	千分尺	螺旋测微器又称千分尺(Micrometer)、螺旋测微仪、分厘卡,是比游标卡尺更精密的测量长度的工具,用它测长度可以准确到 0.01 mm,测量范围为几个厘米。知名品牌:安一量具、哈量、成量、青量、上工、瑞士 TESA、日本 Mitutoyo 等
2	扳手	扳手(Spanner;Wrench),拧紧或旋松螺钉、螺母等的工具
3	锉刀	锉刀(File),用以锉削的工具
4	铲刀	用于铲刮工艺处理的工具

注:工量具详细内容见本书附录一。

二、实施步骤

1. 清洗

拆下电机座,并二次清洗。

2. 装轴承

分别在电机座和轴承座中装入一对轴承(注意安装方向)。本任务所选用的是日本 NSK 轴承(如图 2-18),也称为万能组合轴承。这是一种能够承受很大轴向力的特殊角接触球轴承,与一般角接触球轴承相比,接触角增大了 60 度,增加了滚珠的数目并相应减小了滚珠的直径,这种结构的轴承比一般轴承的轴向刚度提高了两倍以上。它可以将同一公称型号的轴承组合为 2 列、3 列、4 列等几种。

图 2-18　NSK 轴承

3. 装丝杠

在没有垫片的情况下,通过丝杠两端的锁紧螺母拉伸丝杠,用游标卡尺测量电机座与床身之间的间隙宽度,取四角测量数值的平均值,其数值再加上 0.05~0.10 mm(丝杠预留拉伸值)即为垫片的加工厚度。

4. 检测丝杠拉伸度

松开锁紧螺母,在电机座端装入加工好的垫片,加丝杠预紧拉伸力,用表检查丝杠拉伸符合技术要求,并手动丝杠轻松无阻尼。

5. 检测机床线轨平行度

用两只千分表同时检测丝杠对机床线轨全长的平行度(上、侧母线两个方向)≤0.01。此时应注意,两千分表应在丝杠的前端(轴承座端)调零,然后在丝杠后端(电机座端)校检,通过轻轻敲击电机座,使上、侧母线达到精度要求。当校检好时,把两表停在电机座端丝杠上、侧母线上(如图 2-19),旋紧电机座上的螺母(6 个)。在旋紧过程中要注意表针的摆动情况,保证旋紧后的表针读数和旋紧前一致,再次通过千分表检测丝杠对线轨的平行度,如果精度超差,要将螺母松开后重复以上操作过程,直至其精度达到要求后打孔装定位销。

图 2-19 检测装配精度

滚珠丝杠安装技巧：

（1）在使用千分表时要保持表的触头与丝杠的接触为下压式接触。在检测上母线时，要双手压紧表座匀速移动，从螺纹间以 45 度角切入螺纹上表面，并达到表针摆动的最大值，再以相同的路径移出表头，重复几次取平均值。切记，当要把表移到丝杠另一端时一定要将表头移离丝杠表面一段距离后再拿起。

（2）在调节丝杠上母线时，可使尾端丝杠高于前端 0.02 mm 的情况下旋紧螺母，这样容易控制电机座在旋紧后正好在误差范围内。因为在用扳手旋紧螺母过程中会将电机座下压一段距离。

（3）配平调节法——在精度调节好后，通过以上方法无法达到装配精度，即不管怎么选择旋紧螺母顺序，丝杠精度总是偏离一定数值，此时可以在调节时可以根据千分表读数让丝杠反方向偏出一定数值，从而最终达到装配精度。

6. 检查完善

此处的精度检测方法和要求与电机座芯棒检测类似，但值得注意的是：①要用两只千分表配合检测；②侧母线平行度要以轴承座端为基准，即只调节电机座。

对于该处的精度检测非常重要，它关系到后期机床的十字线的精度检测，即机床 X、Y 轴的交线。

评分标准

表 2-14

组别：　　　　考件号：　　　　考核日期：　　　　年　　月　　日

序号	项目名称	配分	得分	备注
1	基本操作	80		
2	现场考核	20		
合计		100		

考试时间：90 分钟

表 2-15 基本操作评分记录表

序号	考核内容	考核要求	配分	实测	得分
1	滚珠丝杠型号选择	正确选择滚珠丝杠型号	5		
2	安装面和螺孔的清理	回攻、倒角、去毛刺、去锈、清洗	10		
3	安装轴承	正确安装	20		
4	滚珠丝杠安装	安全、正确操作	10		
5	上母线精度检查	滚珠丝杠前端比后端高 0.01 mm	5		
6	侧母线精度检查	精度在≤0.01 mm	5		
7	分中精度检查	精度在≤0.01 mm	15		
8	接触面检查	0.04 mm 塞尺不得塞入	5		
合计			80		

考评员： 年 月 日

表 2-16 现场考核情况评分记录表

序号	考核内容	考核要求	配分	评分标准	得分
1	安全文明	正确执行安全技术操作规程,做到工地整洁,工件、工具摆放整齐	10	造成重大事故,考核全程否定	
2	设备使用	机床整洁无杂物,机床四周无杂物	5	违规扣3~5分	
3	工量具的使用	正确使用工量具	5	违规扣3~5分	
合计			20		

课题五 立柱与铣头配研与装配

任务引入

在床身、床鞍和工作台安装的同时,立柱与铣头将可以同时在另一工位上进行安装。立柱与铣头安装与校验的要求如下:

1. 测铣头中心挂脚装芯棒的上母线的跳动。

2. 检测铣头中心挂脚装芯棒的侧母线的跳动。

3. 铣头与立柱的装配。

4. 熟练掌握装配步骤和装配技巧。

任务分析

本课题可以分为以下几步来进行,课题计划方案见表 2-17:

表 2-17

步骤	项目方案	检测要求
1	立柱、铣头去毛刺、倒角、回攻螺孔并清洗干净	略
2	铣头导轨面与立柱导轨配研	配研接触面在宽度上≥30%、长度上≥70%(且接触点分布均匀),用 0.03 mm 塞尺检查接触面不得塞入
3	检查铣头移动对立柱导轨的平行度	平行度≤0.01/300
4	配刹铁留刮余量	刹铁接触面在宽度≥50%、长度上≥70%(单根刹铁中间 1/3 软接触),接触点分布均匀,0.03 mm 塞尺检查不得塞入
5	配铣头上下压板、压板与立柱导轨下滑面的接触面符合要求	接触面在宽度上≥50%、长度上≥70%,0.03 mm 塞尺检查不得塞入
6	各油槽畅通,不旁漏;检查压板安装整齐不错位;各部件清洗干净,统一编号	略

任务实施

一、工具准备

本任务中需要采用的工具见表 2-18:

表 2-18　工具准备

序号	工量具名称	规格
1	滑块	滑块(Slider),线轨中与机床结构件与导轨连接的移动副,与导轨产生相对运动
2	千分表	千分表(Dial Indicator)是通过齿轮或杠杆将一般的直线位移(直线运动)转换成指针的旋转运动,然后在刻度盘上进行读数的长度测量仪器

注:工量具详细内容见本书附录一。

二、实施步骤

1. 检测铣头中心挂脚装芯棒的上母线的跳动

将杠杆千分表固定在平尺上,并且将测量头与芯棒的上母线相接触。保证千分表的指针可以自由地转动,前后推动平尺,观察千分表在最高点的读数,并且记住读数。将平尺移动到另外的位置,进行检测,要保证千分表的检测高度差小于等于 0.01 mm。

2. 检测铣头中心挂脚装芯棒的侧母线的跳动

将杠杆千分表固定在平尺上,将测量头与芯棒的侧母线相接触。保证千分表的指针可以自由地转动,左右推动平尺,观察千分表的跳动,要保证千分表的跳动小于等于 0.01 mm。

3. 调整芯棒的位置

如果在以上的两项检测中,出现了超差,可以通过挂角上的四个螺母的松紧来调整。当无法通过螺母的松紧来调整芯棒的位置时,就需要将芯棒先拆卸下来,将挂脚与芯棒接触的面进行刮研。在进行过刮研之后,再按照以上的两个步骤检测,直至合格为止。

将铣头吊装在立柱上,立柱上的各项零部件需要安装好,并且要经过检测合格,因为如果基础的不合格,那测出的铣头中心挂脚装芯棒的位置肯定也是不合格的。同时要将线轨上的滑块,移动至铣头的下面,方便铣头的安装,在铣头完全的置在滑块上时,敲击滑块使其上面的螺孔和铣头下面的孔相对应好,旋紧螺母。

4. 二次调整芯棒的位置

擦拭干净轴承座和杠杆千分表的下面,将千分表固定在轴承座上面。将千分表的测量头与芯棒的下母线接触,保证千分表的指针可以自如地转动。

沿线轨推动铣头,观察千分表的跳动。千分表的跳动应该小于等于 0.01 mm。

5. 检查完善

分析检验后出现的问题、问题产生的原因以及解决方法。

铣头中心挂脚的上母线和侧母线的位置在千分表检验时跳动超过 0.01 mm。上母线超差就说明若在装配好之后铣头上下会不垂直于立柱,而侧母线超差说明铣头会和立柱整体位置的左右是斜的。这样的话如果在加工中就会说明铣头对于工作台上的工件也是斜的,再进行 Z 轴方向的铣削时并不是垂直方向,可能会是前后或是左右方向的倾斜。这种情况就需要对挂脚与芯棒接触面进行刮研(见图 2-20),直至在公差范围之内。

图 2-20 接触面进行刮研

评分标准

表 2-19

组别: 考件号: 考核日期: 年 月 日

序号	项目名称	配分	得分	备注
1	基本操作	80		
2	现场考核	20		
合计		100		

考试时间:90 分钟

表 2-20　基本操作评分记录表

序号	考核内容	考核要求	配分	实测	得分
1	芯棒拆装	正确拆装芯棒	5		
2	安装面和螺孔的清理	回攻、倒角、去毛刺、去锈、清洗	10		
3	对表初校	正确安装	20		
4	安装面铲刮	安全、正确操作	10		
5	上母线精度检查	芯棒前端比后端高 0.01 mm	5		
6	侧母线精度检查	精度在≤0.01 mm	5		
7	分中精度检查	精度在≤0.04 mm	15		
8	接触点检查	25×25 mm 内≥6 点	5		
9	接触面检查	0.04 mm 塞尺不得塞入	5		
合计			80		

考评员：　　　　　　　　　　　　　　　　　　　　　年　　月　　日

表 2-21　现场考核情况评分记录表

序号	考核内容	考核要求	配分	评分标准	得分
1	安全文明	正确执行安全技术操作规程做到工地整洁,工件、工具摆放整齐	10	造成重大事故,考核全程否定	
2	设备使用	机床整洁无杂物,机床四周无杂物	5	违规扣 3～5 分	
3	工量具使用	正确使用工量具	5	违规扣 3～5 分	
合计			20		

课题六　工作台与床鞍、立柱与床身精度校正

任务引入

在床身、床鞍与工作台的机械部分和立柱与铣头的机械部分分别安装好后,通过立柱和床身用螺钉或灌胶的方式把以上两部分装配在一起。工作台与床鞍、立柱与床身的精度校正是关键,任务要求如下:

1. 工作台与传感的垂直度就是在测量工作台中心挂脚装芯棒并检测其上母线和侧母线的位置。

2. 工作台中心挂脚是与床鞍的滚珠丝杠相连接的,其垂直度的校正就是在校正挂脚和

丝杠的位置。

3. 比较这两者检验的差别以及相似的地方,弄清工作原理。在使用精确度为 0.01 mm 的千分表检验时也是能保证机床的精度的。

4. 立柱与床身安装,在水平面内检查立柱导轨面对工作台移动的平行度小于等于 0.03。

5. 在进行水平面内检查立柱导轨面对工作台移动的平行度的检测时千分表的使用方法,检验步骤的工作原理。是否能够用精度为 0.001 mm 的千分表对机床几何精度进行检验。

任务分析

本课题可以分为以下几步来进行,课题计划方案见表 2-22:

表 2-22

步骤	项目方案	检测要求
1	立柱底平面去毛刺、倒角、清洗干净	略
2	超差时,查床身与立柱结合面符合要求	接触点 25 mm×25 mm 内不少于 6 点,立柱导轨对工作台面的垂直度≤ 0.01/300
3	立柱状于床身,拧紧螺丝,用塞尺检查结合面;各部件清洗干净	用 0.04 mm 塞尺检查结合面不得塞入

任务实施

一、工具准备

本任务中需要采用的工具见表 2-23:

表 2-23 工具准备

序号	工量具名称	规格
1	杠杆千分表	杠杆千分表(Fine Dial Test Indicator)是一种长度测量工具,其杠杆测量头的位移通过机械传动系统转变为指针在表盘上的角位移,沿表盘圆周上有均匀的刻度,分度值为 0.002 mm
2	直角尺	直角尺(Mechanical Square)是检验直角用非刻线量尺
3	千分表	千分表(Dial Indicator)是通过齿轮或杠杆将一般的直线位移(直线运动)转换成指针的旋转运动,然后在刻度盘上进行读数的长度测量仪器

注:工量具详细内容见本书附录一。

二、实施步骤

1. 工作台中心挂脚装芯棒并检测其上母线和侧母线

（1）检测工作台中心挂脚装芯棒的上母线的跳动。将杠杆千分表固定在平尺上，并且将测量头与芯棒的上母线相接触。保证千分表的指针可以自由地转动，前后推动平尺，观察千分表在最高点的读数，并且记住读数。将平尺移动到另外的位置，进行检测，要保证千分表的检测高度差小于等于 0.01 mm。

（2）检测工作台中心挂脚装芯棒的侧母线的跳动。将杠杆千分表固定在平尺上，并且将测量头与芯棒的侧母线相接触。保证千分表的指针可以自由地转动，左右推动平尺，观察千分表的跳动，要保证千分表的跳动小于等于 0.01 mm。

2. 沿 X,Y 坐标移动，在 X-Z 及 Y-Z 平面内垂直度的检测

（1）将直角尺水平放置在工作台上。

（2）将千分表固定在铣头上，使测量头与工作台上的直角尺的 X 方向的面相接触，将工作台沿 X 方向推动，观察千分表的读数。不断调整直角尺的位置，要达到千分表在 X 轴方向运动时不跳动。

（3）以直角尺的 X 方向为基准，使测量头与工作台上的直角尺的 Y 方向的面相接触，沿 Y 轴方向推动工作台，记录千分表的读数。

3. 在水平面内检查立柱导轨面对床身移动的平行度的检测步骤（见图 2-21）

图 2-21　垂直度检查

（1）将立柱以及安装在立柱上的铣头用行车吊至床身上，并且在吊装之前，将螺孔内清理干净，然后，将立柱和床身之间的螺丝旋紧。

（2）经初步检验，将立柱卸下，对床身和立柱相接触部分进行刮研。

（3）再重新安装立柱。

（4）对立柱相对于工作台垂直度进行检测。

1）将两个水平仪一横一竖地放置在工作台上，通过水平仪来调整工作台的水平。

2）在保证了工作台的相对水平之后，将杠杆千分表固定在铣头上，同时把直角尺竖直放立在工作台上。

3）使千分表的测量头与直角尺的竖直面相接触，保证千分表的指针能够自如转动。

4) 将铣头上下沿直角尺竖直面滑动,观察千分表的跳动,其跳动范围应小于等于
0.01 mm。

评分标准

表 2-24

组别:　　　　　　　考件号:　　　　　　　考核日期:　　　年　　月　　日

序号	项目名称	配分	得分	备注
1	基本操作	80		
2	现场考核	20		
合计		100		

考试时间:90分钟

表 2-25 基本操作评分记录表

序号	考核内容	考核要求	配分	实测	得分
	直角尺放置	正确放置	5		
2	架设千分表	正确放置	5		
3	对表初校	正确安装	10		
4	X 轴移动千分表读数	读数正确,并记录	10		
5	Y 轴移动千分表读数	读数正确,并记录	10		
6	Z 轴移动千分表读数	读数正确,并记录	10		
7	分析调整方法	调整方法合理	15		
8	安装面铲刮	安全、正确操作	10		
9	安装面和螺孔的清理	去毛刺、去锈、清洗	5		
合计			80		

考评员:　　　　　　　　　　　　　　　　　　　　年　　月　　日

表 2-26 现场考核情况评分记录表

序号	考核内容	考核要求	配分	评分标准	得分
1	安全文明	正确执行安全技术操作规程做到工地整洁,工件、工具摆放整齐	10	造成重大事故,考核全程否定	
2	设备使用	机床整洁无杂物,机床四周无杂物	5	违规扣3~5分	
3	工量具使用	正确使用工量具	5	违规扣3~5分	
合计			20		

课题七　油路安装与检测

任务引入

本课题完成油路的安装与检测,具体任务为:

1. 压板安装正确。

2. 油排各润滑点计量件装配准确,铣头油路畅通。

3. 接头处不渗漏。

任务分析

本课题可以分为以下几步来进行,课题计划方案见表 2-27:

表 2-27

步骤	项目方案	检测要求
1	各部件去毛刺、回攻各螺孔	略
2	装丝杠,加丝杠拉伸预紧力,用表测量丝杠的拉伸量符合技术要求	手动丝杠无阻尼
4	压板安装正确,紧固各螺钉	略
5	检查油排各润滑点计量件装配准确,铣头油路畅通,节头处不渗漏	不渗漏

相关知识

在该型号的床身上只有一对注油器,分别对床身滚珠丝杠两端的轴承提供润滑油,此油管采用的是直径 6 的紫铜管。首先将一定长度的紫铜管拉直,修剪其一端,要求截面端相对平滑无棱角,将油管衬套和双锥卡套依次装到油管一端。

床鞍上注油器由两组注油器相连组成,共有 7 个油管接头,4 个为床身线轨滑块供油,1 个为床身滚珠丝杠提供润滑,另外 2 个分别为床鞍滚珠丝杠和其两端的轴承提供润滑油,而床鞍上线轨滑块则由工作台上的注油器接出。在这里使用的均为直径 4 的尼龙管,其尼龙管长度应控制好,过长容易与运动部件产生摩擦,影响其使用寿命。

任务实施

一、操作注意事项

在润滑油路装配这一环节中,线轨和硬轨的油路排布有很大的不同,但安装方法和工艺是一致的,不过在实际操作中不同型号加工中心不同的制造商也会有很多变数,要求油排各润滑点计量件装配准确,油路畅通,各接头处不渗漏,安装时应该注意头部的蓝色的凸起是不是灵活。

加工中心线轨润滑油路相对比较少,装配过程简单。在床身与床鞍上共有14个位置需要接润滑油管,其中在床身床鞍上各有7处,分别为滚珠丝杠两端轴承、滚珠丝杠、四个床身上线轨滑块。由于要考虑安装工艺,所以在装配过程中要特别注意它们的合理性。

图 2-22 油管衬套和双锥卡套

图 2-23 油塞

二、实施步骤

在该型号的床身上只有一对注油器(如图2-24),分别对床身滚珠丝杠两端的轴承提供润滑油,此油管采用的是直径6的紫铜管,首先将一定长度的紫铜管拉直,修剪其一端,要求截面端相对平滑无棱角,将油管衬套和双锥卡套依次装到油管一端(如图2-22)。

床鞍上油路的装配方法与之前介绍的基本相同,其注油器由两组注油器相连组成,共有7个油管接头(如图2-25),4个为床身线轨滑块供油,1个为床身滚珠丝杠提供润滑,另外3个分别为床鞍滚珠丝杠和其两端的轴承提供润滑油,而床鞍上线轨滑块则由工作台上的注油器接出。在这里使用的均为直径为4的尼龙管,其尼龙管长度应控制好,过长容易与运动部件产生摩擦,影响使用寿命。

图 2-24 床身注油器

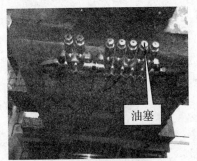
图 2-25 床鞍注油器

对于使用硬轨的 VMC850 机床，床身上注油器的装配与 VMCL850 的相同，但其床鞍上共有 15 个注油器接出口，连接点分别为床身滚珠丝杠、Y 轴压板、床鞍下导轨面、Y 轴基准镶条（如图 2-26）。

图 2-26　VMC 系列机床床鞍油路

 知识链接

一、润滑系统

润滑系统对机床的使用寿命起着很大的作用，很可能在整个机床的装配过程中显得微不足道，一旦润滑系统出现故障就必须停机进行修理，否则长时间的机床运动会损坏机床的精度。为了避免不必要的损坏，即在实际装配过程中就应严格地装配润滑系统，尤其是油管的布置显得分外重要。

此过程中所需的油均是由电动润滑泵提供的，电动润滑泵 VERSAⅢ，与机床的控制系统相连，可根据系统实际需油量设定运行时间与间歇时间。它具有自动卸压、自动供油、油位发讯功能，并在设定时间内，系统未能达到额定压力时，能自动发讯。油罐容积 4L，最大注油压力为 2MPa。该泵与定量元件等一起组成定量卸压式集中润滑装置。

注意：①平衡锤滚子链、链轮需每隔 3 个月人工涂脂润滑一次。

②打刀缸需每隔 6 个月人工加油 1 次，加至储油杯 2/3 高度，型号为 ISO R32。

二、机油小知识

润滑本机床主轴部件及其他部件滚动轴承均采用润滑脂润滑。三向导轨副、三向进给、滚珠丝杠副由自动间隙润滑油泵定时定量润滑。润滑油泵装于立柱左侧，通过分油器将润滑油分送到各润滑点上。

注：为了提高机床的性能，推荐选用下列几种润滑剂：

表 2-28

润滑部位	润滑油
三向导轨副、三向轴承、滚珠丝杠副	精密机床导轨油 40♯（运动粘度（50℃）37～43cst）
主轴轴承	精密机床主轴轴承润滑脂（2 号）（针入度 265～295）
其他部件轴承	钙基润滑脂

图 2-27 润滑泵

图 2-28 冷却泵

三、冷却系统

机床主轴端附近装有两根冷却软管,根据需要可对工件和刀具从任意两个方向进行强制冷却。冷却液储存在冷却箱内,冷却箱后端装有冷却泵,冷却时冷却泵将冷却液吸入冷却管,打开装于铣头上的球阀,冷却液即从冷却软管流出。

在防护罩底盘后端,装有两个冷却液喷口,用于冲洗底盘内的切屑(此功能为选购)。使用后的冷却液经机床上的冷却槽和防护罩的漏水底盘,流回冷却箱内,并在冷却箱内沉淀、过滤。在回收过程中,冷却液已经得到冷却,可被重新使用,这样便构成了切削强制冷却回路。

⏳ 评分标准

表 2-29

组别: 考件号: 考核日期: 年 月 日

序号	项目名称	配分	得分	备注
1	基本操作	80		
2	现场考核	20		
合计		100		

考试时间:90 分钟

表 2-30　基本操作评分记录表

序号	考核内容	考核要求	配分	实测	得分
1	找出要接润滑油管处	位置正确	5		
2	拉直、修剪铜管	截面端相对平滑无棱角	10		
3	接衬套和双锥卡套	油管衬套和双锥卡套安装到位	10		
4	接尼龙管	尼龙管安装到位	10		
5	床身滚珠丝杠压板	安装后移动松紧合适	10		
6	Y 轴压板	安装后移动松紧合适	10		
7	安装床鞍下导轨面基准镶条	安装后移动松紧合适	10		
8	安装 Y 轴基准镶条	安装后移动松紧合适	10		
9	清理,检查	符合检验要求	5		
合计			80		

考评员:　　　　　　　　　　　　　　　　　　　　　　年　　月　　日

表 2-31　现场考核情况评分记录表

序号	考核内容	考核要求	配分	评分标准	得分
1	安全文明	正确执行安全技术操作规程做到工地整洁,工件、工具摆放整齐	10	造成重大事故,考核全程否定	
2	设备使用	机床整洁无杂物,机床四周无杂物	5	违规扣3~5分	
3	工量具使用	正确使用工量具	5	违规扣3~5分	
合计			20		

模块三　自动换刀装置的安装调试

　　自动换刀装置是数控机床最普通的一种辅助装置,它的功能是储备一定数量的刀具并完成刀具的自动交换,被广泛应用于加工中心机床,如车削中心、镗铣加工中心、钻削中心等,是加工中心机床的基本特征。它的工作质量和刀库容量直接影响机床的使用、质量及价格。自动换刀装置应当具备的特性有:换刀时间短、刀具重复定位精度高、足够的刀具储备量、占地面积小;便于制造、维修和调整;布局应当合理且美观大方;应有良好的刚性,避免冲击、振动和噪声,运行时安全可靠;有防屑、防尘装置等;带刀库时,刀库应占地面积小且安全可靠。如图 3-1 为加工中心换刀装置。

图 3-1　加工中心换刀装置实物图

　　刀库可装在工作台上、立柱上或主轴箱上,当刀库容量大,较重时,也可作为独立部件装在机床之外。

　　由于刀库包含了刀库本体、换刀机构和换刀臂,为外购件。在安装刀库时,要进行换刀装置与主轴的几何精度和位置精度的调整与检验,电气管线的连接要同步进行,做好换刀系统的试运转。根据装配的要点和重点,本模块根据加工中心刀库的安装顺序分解为以下三个课题(见表 3-1)进行叙述:

表 3-1　加工中心刀库的装配顺序

课题序号	课题名称
课题一	刀库的安装及水平调整
课题二	换刀机构的调试
课题三	电气管线的安装与试运转

课题一　刀库的安装及水平调整

任务引入

刀库整体为外购件,本课题任务主要来自其安装及调整。任务要求如下:

1. 大致检查机器的各部分连接螺纹及零件,查看是否有松动或碰撞损毁,若有则请将其固定牢固或视毁损情况进行保修及更换新品零件。

2. 用相应的丝锥对各连接螺纹进行回攻,清理连接各面或孔。

3. 核对刀库和界面结合时,与主机的立柱及各部位是否造成干涉的情形。

4. 检查电机马达、接近开关等所需的电压,接线条件是否与主机的控制系统相容。

任务分析

本课题可以分为以下几步来进行,课题计划方案分析如下:

表 3-2

步骤	项目方案	检测要求
1	开箱检查刀库	按装箱单检查是否完备
2	立柱连接部位进行回攻各螺孔并清理干净	立柱上自动换刀装置的安装面粗糙度为 $Ra=6.3\ \mu m$。平面度为 0.04 mm,安装孔的位置精度不大于 0.1 mm,安装面与主轴中心距离尺寸允差±5 mm
3	将刀库用吊装设备或调整垫铁置于立柱安装高度,用圆柱销和螺栓进行联接成一体	检查机械手转轴与机床主轴垂直方向的平行度;刀库刀柄与主轴刀柄对机械手回转中心线距离相等,并保持在同一水平线上,为直线与机床主平面呈 65°

注意事项:

1. 刀库在吊装时,要严格按照安全操作规程进行。

2. 刀库在出货前均涂有适量的防锈油,需先将防锈油擦拭干净,与主机立柱的结合面要保持清洁,无异物进入。

3. 安装过程中注意保护控制元件的导线,避免受损。

相关知识

刀库是用来储存加工工序所需的各种刀具,并按程序指令,把将要用的刀具准确地送到换刀位置,并接受从主轴送来的已用刀具。其容量、布局以及具体结构,对数控机床有很大影响。

一、刀库的类型

刀库一般使用电动机或液压系统来提供转动动力,用刀具运动机构来保证换刀的可靠性,用定位机构来保证更换的每一把刀具或刀套都能可靠地准停。常见的刀库类型见表 3-3 所示。

表 3-3 刀库的常见类型

类型		实物图片	结构图示	应用特点
直线刀库			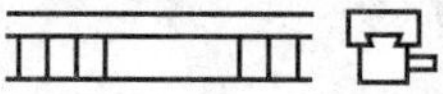	刀具直线排列,其结构简单,刀库容量小,一般可容纳 8～12 把刀具,故较少使用
圆盘刀库	卧盘式	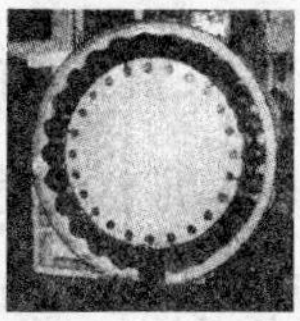	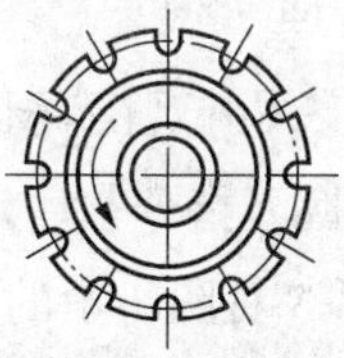	刀具环形排列,分径向、轴向两种取刀形式。这种圆盘刀库结构简单,应用较多,适用于刀库容量较少的情况。为增加刀库空间利用率,可采用双环或多环排列刀具的形式。但这样会使圆盘直径增大,导致转动惯量增加,选刀时间较长
	立盘式		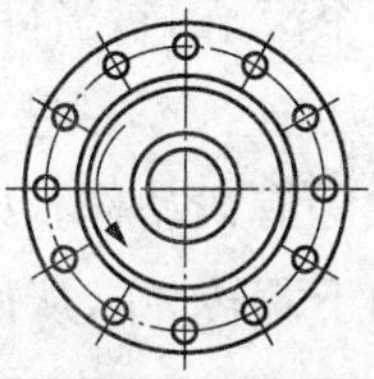	
链式刀库	单排链	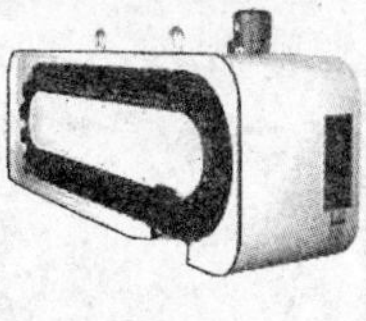		通常为轴向换刀。刀库结构紧凑,容量较大,链环可根据机床的布局配置成各种形状,也可将换刀位置刀座突出,以利于换刀。一般刀具数量在 30～120 把或更多时,多采用链式刀库
	折叠回绕链		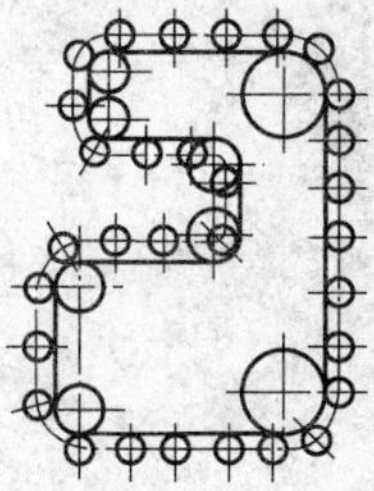	
格子盒式刀库		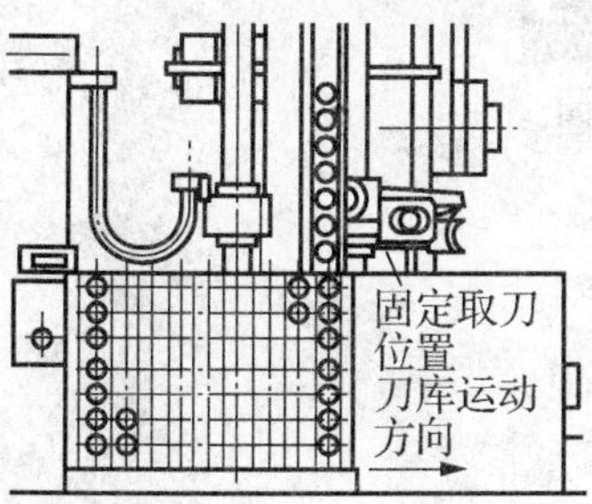 固定取刀位置 刀库运动方向	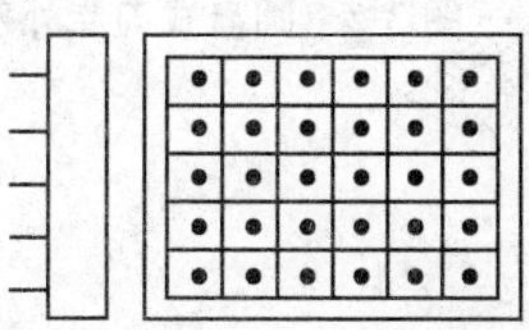	刀库占地面积小,结构紧凑,但选刀和取刀动作复杂,在单机加工中心上较少使用,而在 FMS(柔性制造系统)的集中供刀系统中采用

二、刀库的容量

刀库的容量首先要考虑加工工艺的需要。例如：立式加工中心的主要工艺为钻、铣。有研究机构调查统计了 15000 种工件，按成组技术分析，各种加工所必需的刀具数的结果是 4 把铣刀可完成工件 95％左右的铣削工艺，10 把孔加工刀具可完成 70％的钻削工艺。因此，14 把刀的容量就可完成 70％以上的工件钻铣工艺。如果从完成工件的全部加工所需的刀具数目统计，所得结果是 80％的工件（中等尺寸，复杂程度一般）完成全部加工任务所需的刀具数在 40 种以下，所以一般的中、小型立式加工中心配有 14～30 把刀具的刀库就能够满足 70％～95％的工件加工需要。

三、刀库的结构及工作原理

通常刀库以圆盘式和链式应用较多，这里主要讲解这两种刀库的结构及原理。

1. 圆盘式刀库的结构及工作原理

如图 3-2 所示为圆盘式刀库的实体外观图，图 3-3 所示是 JCS-018A 型加工中心的圆盘式刀库结构简图。当数控系统发出换刀指令基后，直流伺服电动机 1 接通，其运动经过十字联轴器 2、蜗杆 4、蜗轮 3 传到如图 3-3 右图所示的刀盘 14，刀盘带动其上面的刀套 13 转动，完成选刀工作。每个刀套尾部有一个滚子 11，当待换刀具转到换刀位置时，滚子 11 进入拨叉 7 的槽内。同时气缸 5 的下腔通压缩空气，活塞杆 6 带动拨叉 7 上升，放开位置开关 9，用以断开相关的电路，防止刀库、主轴等有误动作。如图 3-3 右图所示，拨叉 7 在上升的过程中，带动刀套绕着销轴 12 逆时针向下翻转 90°，从而使刀具轴线与主轴轴线平行，完成倒刀动作。

图 3-2　圆盘式刀库外观图

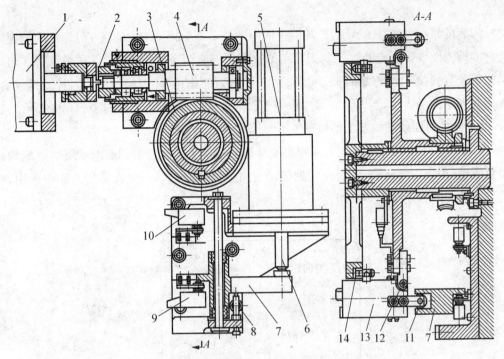

图 3-3　JCS-018A 圆盘式刀库结构简图

1—直流伺服电动机；2—十字联轴器；3—蜗轮；4—蜗杆；5—气缸；6—活塞杆；7—拨叉

8—螺杆；9—位置开关；10—定位开关；11—滚子；12—销轴；13—刀套；14—刀盘

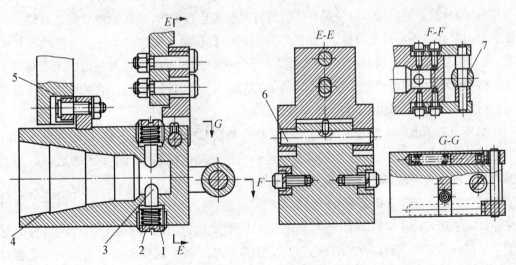

图 3-4　JCS-018A 刀套结构图

1—弹簧；2—螺纹套；3—球头销钉；4—刀套；5、7—滚子；6—销轴

　　刀套下转 90°后，拨叉 7 上升到终点，压住定位开关 10，发出信号使机械手抓刀。通过图 3-3 左图中的螺杆 8，可以调整拨叉的行程。拨叉的行程决定刀具轴线相对主轴轴线的

位置。

刀套的结构如图 3-4 所示,F-F 剖视图中的件 7 即为图 3-3 中的滚子 11,E-E 剖视图中的件 6 即为图 3-3 中的销轴 12。刀套 4 的锥孔尾部有两个球头销钉 3。在螺纹套 2 与球头销之间装有弹簧 1,当刀具插入刀套后,由于弹簧力的作用,使刀柄被夹紧。拧动螺纹套,可以调整夹紧力的大小,当刀套在刀库中处于水平位置时,靠刀套上部的滚子 5 来支承。

2. 链式刀库的结构及工作原理

如图 3-5 所示是方形链式刀库的典型结构示意。主动链轮由伺服电动机通过蜗轮减速装置驱动(根据需要,还可经过齿轮副传动)。这种传动方式,不仅在链式刀库中采用,在其他形式的刀库传动中也多采用。

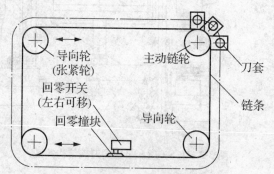

图 3-5　方形链式刀库的典型结构示意

导向轮一般做成光轮,圆周表面硬化处理。兼起张紧轮作用的左侧两个导轮,其轮座必须带有导向槽(或导向键),以免松开安装螺钉时轮座位置歪扭,给张紧调节带来麻烦。回零撞块可以装在链条的任意位置上,而回零开关则安装在便于调整的地方。调整回零开关位置,使刀套准确地停在换刀机械手抓刀位置上。这时处于机械手抓刀位置的刀套编号为 1号,然后依次编上其他刀号。刀库回零时,只能从一个方向回零,至于是顺时针回转回零还是逆时针回转回零,可由机、电设计人员商定。

如果刀套不能准确地停在换刀位置上,将会使换刀机械手抓刀不准,以致在换刀时容易发生掉刀现象。因此,刀套的准停问题将是影响换刀动作可靠性的重要因素之一。为了确保刀套准确地停在换刀位置上,需要采取如下措施:

(1) 定位盘准停方式采用液压缸推动的定位销,插入定位盘的定位槽内,以实现刀套的准停。或采用定位块进行刀套定位,如图 3-6 所示,定位盘上的每个定位槽(或定位孔)对应于一个相应的刀套,而且定位槽(或定位孔)的节距要一致。这种准停方式的优点是能有效地消除传动链反向间隙的影响,保护传动链,使其免受换刀撞击力,驱动电动机可不用制动自锁装置。

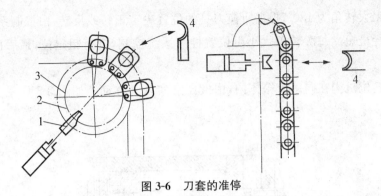

图 3-6 刀套的准停

1—定位插锁；2—定位盘；3—链轮；4—手爪

（2）链式刀库要选用节距精度较高的套筒滚子链和链轮，在将套筒装在链条上时，要用专用夹具定位，以保证刀套节距一致。

（3）传动时要消除传动间隙。消除反向间隙的方法有以下几种：电气系统自动补偿方式；在链轮轴上安装编码器；单头双导程蜗杆传动方式；使刀套单方向运行、单方向定位以及使刀套双向运行，单向定位方式等。

四、刀库的转位

如图 3-7 所示是刀库转位机构，刀库转位机构由伺服电动机通过消隙齿轮 1、2 带动蜗杆 3，通过蜗轮 4 使刀库转动，如图 3-7 所示。蜗杆为右旋双导程蜗杆，可以用轴向移动的方法来调整蜗轮副的间隙。压盖 5 内孔螺纹与套 6 相配合，转动套 6 即可调整蜗杆的轴向位置，也就调整了蜗轮副的间隙。调整好后用螺母 7 锁紧。

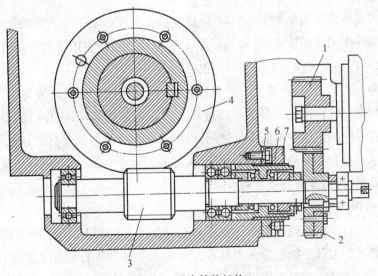

图 3-7 刀库转位机构

1、2—齿轮；3—蜗杆；4—蜗轮；5—压盖；6—套；7—螺母刀库的最大转角为 180°，根据所换刀具的位置决定正转或反转，由控制系统自动判别，以使找刀路径最短。每次转角大小由位置控制系统控制，进行粗定位，最后由定位销精确定位。

刀库及转位机构在同一个箱体内，由液压缸实现其移动。如图 3-8 所示为刀库液压缸结构示意图。

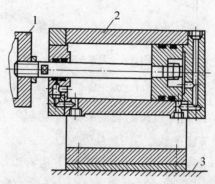

图 3-8　刀库液压缸结构示意图

1—刀库；2—液压缸；3—立柱顶面

这种刀库，每把刀具在刀库上的位置是固定的，从哪个刀位取下的刀具，用完后仍然送回到哪个刀位去。

五、刀库的选刀

常用的刀具选择方法有顺序选刀和任意选刀两种。

1. 顺序选刀

顺序选刀是将刀具按加工工序的顺序，依次放入刀库的每一个刀座内。每次换刀时，刀库按顺序转动一个刀座的位置，并取出所需要的刀具。已经使用过的刀具可以放回到原来的刀座内，也可以按顺序放入下一个刀座内。

采用这种方式的刀库，不需要刀具识别装置，而且驱动控制也比较简单、可以直接由刀库的分度机构来实现。因此刀具的顺序选择方式具有结构简单，工作可靠等优点。但由于刀库中刀具在不同的工序中不能重复使用，因而必须相应地增加刀具的数量和刀库的容量，这样就降低了刀具和刀库的利用率。此外，人工装刀操作必须十分谨慎，如果刀具在刀库中的顺序发生差错，将造成设备或质量事故。

2. 任意选择刀具

任意选择刀具是根据程序指令的要求来选择所需要的刀具，采用任意选择方式的自动换刀系统中必须有刀具识别装置。刀具在刀库中不必按照工件的加工顺序排列，可任意存放。每把刀具（或刀座）都编上代码，自动换刀时，刀库旋转，每把刀具（或刀座）都经过"刀具识别装置"接受识别。当某把刀具的代码与数控指令的代码相符合时，该刀具就被选中，并将刀具送到换刀位置，等待机械手来抓取。

任意选择刀具法的优点是刀库中刀具的排列顺序与工件加工顺序无关,相同的刀具可重复使用。因此,刀具数量比顺序选择法的刀具可少一些,刀库也相应地小一些。

任务实施

一、工具准备

本任务中需要采用的工具见下表:

表 3-4　工具准备

序号	工量具名称	用途
1	吊装设备	将刀库提升至联接位置,进行连接安装
2	扭力扳手	可以在紧固螺丝螺栓螺母等螺纹紧固件时需要控制施加的力矩大小,以保证螺纹紧固且不至于因力矩过大破坏螺纹
3	六角扳手	两端具有带六角孔或十二角孔的工作端,适用于工作空间狭小,不能使用普通扳手的场合
4	锉刀	清除毛刺或锉修表面较小的余量
5	水平尺	一种长距水平尺,既能用于短距离测量,又能用于远距离的测量。主要用于刀库的水平测量
6	丝锥	对连接螺纹进行回攻,保证螺纹连接可靠性

注:工量具详细内容见本书附录一。

二、实施步骤

1. 刀库的吊装

拆箱检查刀库,按装箱单清点随箱物品。安装刀库前,在换刀机构中添加 SAM90~140 间的润滑油,对刀库和立柱安装螺孔进行回攻并清理干净结合面。分别安装固定好立柱和刀库上的调整块并旋入调整螺栓,用螺栓将刀库和刀库支座板连接但不要拧紧。用吊装设备对刀库及支架板提升至立柱螺栓固定区,见图 3-9 所示,使支架板上的 6 个孔槽和立柱上 6 个螺纹孔相对正,用螺栓进行连接,也不要拧紧。

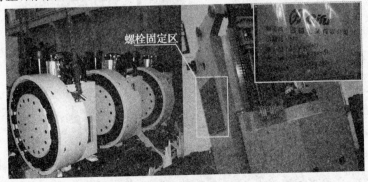

图 3-9　刀库的吊装及其安装区

2. 刀库的调整

刀库初步就位后,要进行调整刀库相对主机的相对位置。首先对刀库粗调水平,然后精调,见图 3-10 刀库位置调整。通过装于立柱和刀库上的调整块螺钉,调整机械手转轴与机床主轴平行。装上调整刀柄,使刀套下翻 90° 至换刀位,调整主轴箱在换刀区的停止位置,使刀库中刀套刀柄与主轴中刀柄抓刀槽中心线在一条水平线上。通过调整块调整,使刀库刀柄与主轴刀柄对机械手回转中心线距离相等,并保持在同一水平线上,为直线与机床主平面呈 65°。然后,用六角扳手分别将立柱和刀库上的 6 个螺栓逐渐旋紧,最终用扭力扳手旋紧螺栓。位置调整完毕后,应锁紧各调整螺钉。

使机械手的卡口和主轴卡口的高度相符。

图 3-10　刀库位置调整

操作要点:

1. 刀库在调整时,吊装设备仍向上提升一定的力量,方便调整块螺钉的调整,保证刀库安全。

2. 刀库与主机结合后主轴相关位置的校正要求。

(1) 刀盘偏心轮定位孔同心,进退活动无阻尼

(2) 刀库活塞杆与定位孔同心,进退自如。

(3) 刀盘进退的极限位置无强烈撞击。

(4) 刀具中心座与主轴锥孔中心同心度用专用工具检测,芯棒能塞入。

(5) 主轴夹紧、放松到位时,其状态检测开关紧。

(6) 刀盘进、退到位时,其状态检测开关紧固有效。

(7) 转动刀盘,检查刀库计数开关是否紧固有效。

(8) 在刀库上安装一清洁标准刀柄,检查空刀位检测开关是否可靠有效。

(9) 主轴装卸标准刀柄轻松无阻滞。

(10) 调整气压缸压力螺钉,使拉杆行程在气压缸行程内,压力量 0.3～0.5MN。

(11) 刀套侧刀动作一致,平稳正常,无停延时记录。

(12) 主轴夹紧、放松开关是否紧固,主轴拉爪螺钉是否松动。

(13) 检查打刀缸电磁阀线圈按要求加弹簧并紧固。打刀缸安装在主轴上。

3. 在用扭力扳手旋紧螺栓时,要按螺栓的分布对角方向依次对称预紧,再逐次旋紧。

4. 安装完成后,要对工作环境进行整理清洁,为换刀装置调整做准备。

评分标准

表 3-5

组别:　　　　　　考件号:　　　　　　考核日期:　　　年　　月　　日

序号	项目名称	配分	得分	备注
1	基本操作	80		
2	现场考核	20		
合计		100		

考试时间:90 分钟

表 3-6　基本操作评分记录表

序号	考核内容	考核要求	配分	实测	得分
1	导轨的搬运	型号选择正确、搬运规范	5		
2	安装面和螺孔的清理	回攻、倒角、去毛刺、去锈、清洗	10		
3	装导轨	正确安装	20		
4	压块的安装	正确安装	10		
5	对表初校	正确安装	5		
6	精度调整	不准锉削	5		
7	精度检查	精度在≤0.01 mm	15		
8	接触点检查	25×25 mm 内≥6 点	5		
9	接触面检查	0.04 mm 塞尺不得塞入	5		
合计			80		

考评员:　　　　　　　　　　　　　　　　年　　月　　日

表 3-7　现场考核情况评分记录表

序号	考核内容	考核要求	配分	评分标准	得分
1	安全文明	正确执行安全技术操作规程做到工地整洁,工件、工具摆放整齐	10	造成重大事故,考核全程否定	
2	设备使用	机床整洁无杂物,机床四周无杂物	5	违规扣 3～5 分	
3	工量具使用	正确使用工量具	5	违规扣 3～5 分	
合计			20		

知识链接

一、数控机床自动换刀装置

数控机床自动换刀装置根据其组成结构可分为：转塔式自动换刀装置、无机械手式自动换刀装置和有机械手式自动换刀装置。转塔式自动换刀装置又分为回转刀架式和转塔头式两种。

1. 回转刀架式换刀装置

回转刀架式换刀装置是数控机床上简单的也是最常用的典型自动换刀装置，回转刀架使用回转头各刀座来安装或夹持各种不同用途的刀具，通过回转头的旋转分度定位来实现车床的自动换刀。根据不同的加工对象和加工要求可设计成四方刀架、六角刀架或圆盘式轴向装刀刀架等多种形式，其上可安装 4 把、6 把或更多的刀具并可按数控装置的指令换刀。

回转刀架在结构上必须具有良好的强度和刚性，以承受粗加工的切削抗力。由于车削加工精度在很大的程度上取决于刀尖位置，对于数控车床来说，由于加工过程中刀具位置不进行人工调整，因此更有必要选择可靠的定位方案和合理的定位机构，以保证回转刀架在每次转位后，具有尽可能高的重复定位精度（一般为 0.001~0.005 mm）。

按回转刀架工作原理可分为若干类型，见表 3-8 所示。

表 3-8　回转刀架的类型及应用特点

类型	结构图示	工作原理	应用特点
螺母升降转位式	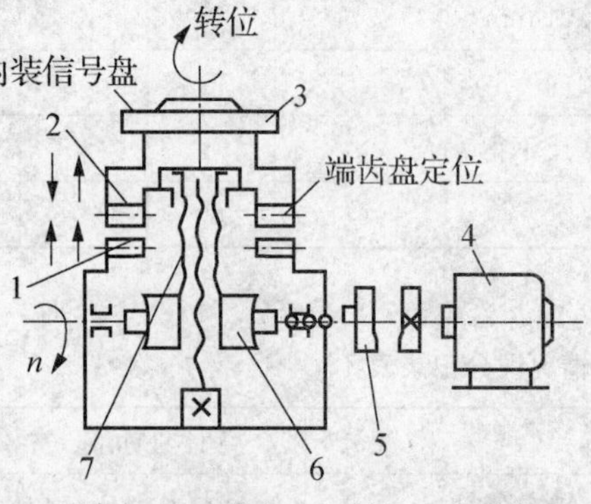 转位 内装信号盘 端齿盘定位 1—下齿盘；2—上齿盘；3—刀架；4—电动机； 5—安全离合器；6—涡轮副；7—螺母	电动机 4 经弹簧安全离合器 5 致蜗轮副 6 带动螺母 7 旋转，螺母 7 举起刀架 3 使上齿盘 2 与下齿盘 1 分离，随即带动刀架 3 旋转到位，然后给系统发信号，螺母 7 反转锁紧	此机构零件多，但性能可靠，精度也好。相对成本偏高，加工难度大

类 型	结构图示	工作原理	应用特点
十字槽轮转位式	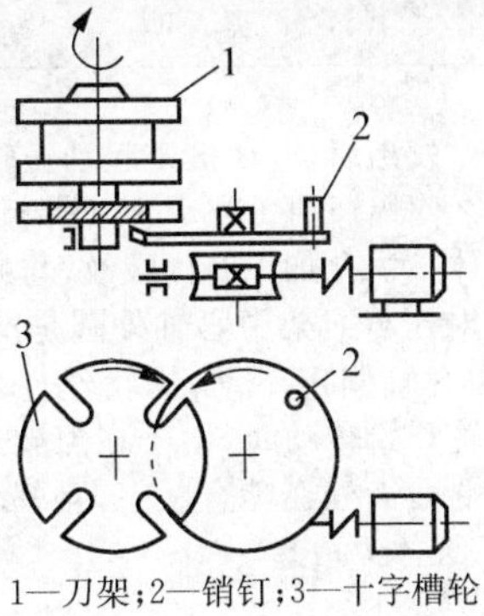 1—刀架;2—销钉;3—十字槽轮	利用十字槽轮 3 来转位及锁紧刀架 1(还要加定位销),销钉 2 每转一周,刀架 1 便转 1/4 转(也可设计成六工位等)	此机构体积大,零件多,目前应用较少
凸轮棘爪式	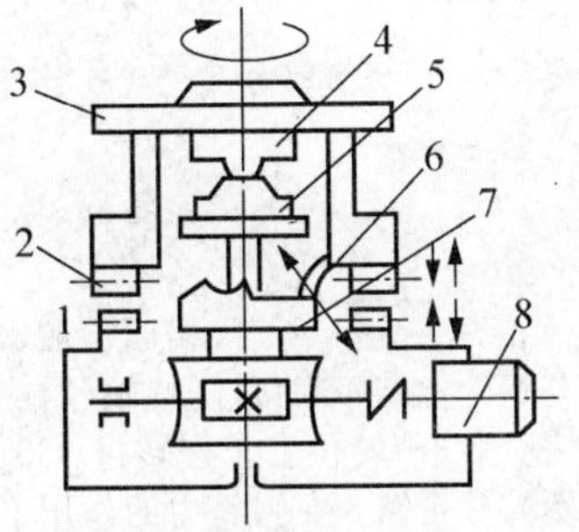 1—下齿盘;2—上齿盘;3—刀架; 4、5—凸轮;6—棘爪;7—棘轮;8—电动机	蜗轮带凸轮 4 相对于另一凸轮 5 转动,使其上、下端齿盘分离,继续旋转,则蜗轮机构推动刀架 3 转 9 个工位,然后利用一个接触开关或霍尔元件发出电动机 8 的反转信号,重新锁紧刀架 3	对要求高的重复定位精度不易做到
电磁式	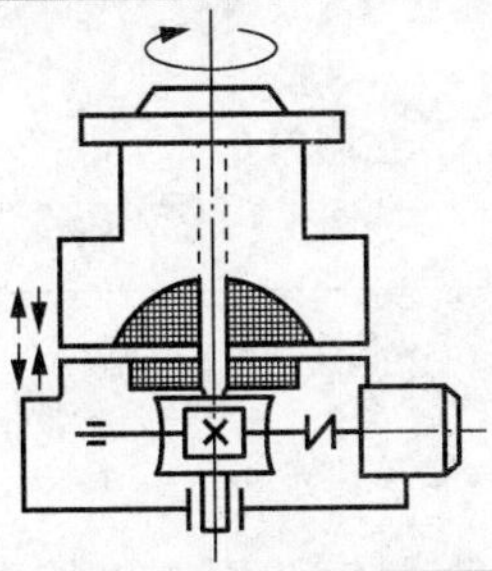	利用一个有 10 kN 左右拉紧力的线圈使刀架定位锁紧	要有继电保护装置
液压式	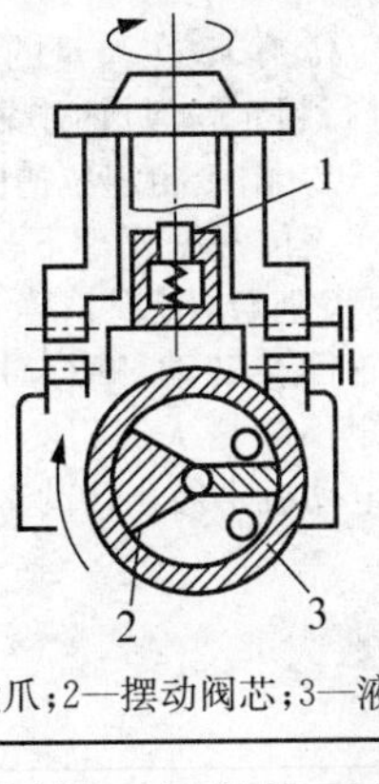 1—拨爪;2—摆动阀芯;3—液压缸	它利用摆动液压缸 3 来控制刀架转位。摆动缸芯 2 带动拨爪 1,拨爪 1 带动刀架转位。还有一个向下拉紧的小液压缸,也产生 10 kN 以上的拉紧力	这种刀架转位可靠,拉力大,但液压件制造困难,需有一套液压系统,存在泄漏及发热问题

一般情况下,回转刀架的换刀动作包括刀架抬起、刀架转位及刀架压紧等。数控车床电

动回转刀架的换刀动作过程,见表 3-9 所示。

表 3-9　数控车床回转刀架的动作过程

图　示	过　程	说　明
 （实物图）	刀架抬起	当换刀指令发出后,电动机 1 起动正转,通过平键套筒联轴器 2 使蜗杆轴 3 转动,从而带动蜗轮丝杠 4 转动。刀架体 7 内孔加工有内螺纹,与蜗轮丝杠旋合。蜗轮丝杠内孔与刀架中心轴外圆是滑配合,在转位换刀时,中心轴固定不动,蜗轮丝杠环绕中心轴旋转。当蜗轮开始转动时,由于在刀架底座 5 和刀架体 7 上的端面齿处在啮合状态,且蜗轮丝杠轴向固定,这时刀架体 7 抬起
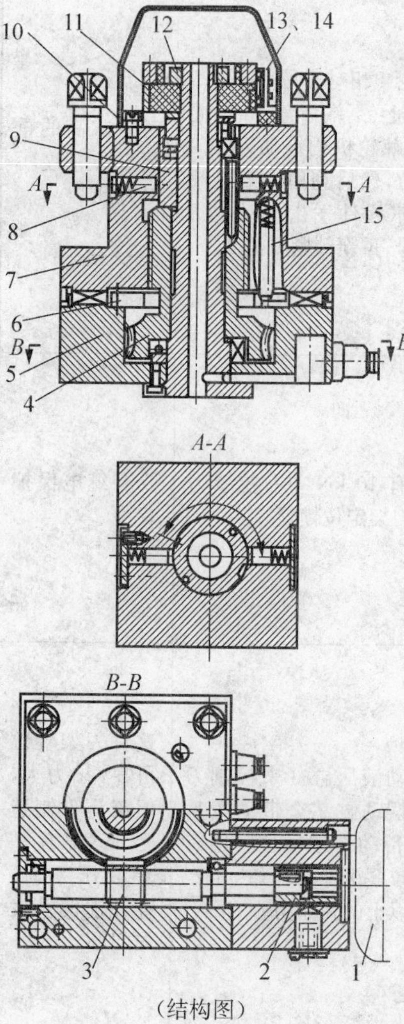 10 11 12 13、14 9 A A 8 15 7 6 B B 5 4 A-A B-B 3 2 1 （结构图）	刀架转位	当刀架体抬至一定距离后,端面齿脱开。转位套 9 用销钉与蜗轮丝杠 4 联接,随蜗轮丝杠一同转动,当端面齿完全脱开,转位套正好转过 160。（如图 A-A 剖示所示）,球头销 8 在弹簧力的作用下进入转位套 9 的槽中,带动刀架体转位
	刀架压紧	刀架体 7 转动时带着电刷座 10 转动,当转到程序指定的刀号时,定位销 15 在弹簧的作用下进入粗定位盘 6 的槽中进行粗定位,同时电刷 13、14 接触导通,使电动机 1 反转。由于粗定位槽的限制,刀架体 7 不能转动,使其在该位置垂直落下,刀架体 7 和刀架底座 5 上的端面齿啮合,实现精确定位。电动机继续反转,此时蜗轮停止转动,蜗杆轴 3 继续转动,随夹紧力增加,转矩不断增大时,达到一定值时,在传感器的控制下,电动机 1 停止转动

2. 转塔头式换刀装置

在使用转塔头式换刀的数控机床的转塔刀架上装有主轴头,转塔转动时更换主轴头实现自动换刀。在转塔各个主轴头上,预先安装有各工序所需的旋转刀具。如图 3-11 所示为数控钻镗铣床,其可绕水平轴转位的转塔自动换刀装置上装有 8 把刀具,但只有处于最下端"工作位置"上的主轴与主传动链接通并转动。待该工步加工完毕,转塔按照指令转过一个或几个位置,待完成自动换刀后,再进入下一步的加工。

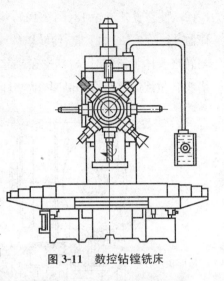

图 3-11 数控钻镗铣床

如图 3-12 所示为卧式八轴转塔头结构示意图。转塔头内均布八根刀具主轴,结构完全相同,前轴承座 2 连同主轴 1 作为一个组件整体装卸,便于调整主轴轴承的轴向和径向间隙。按压操纵杆 12,通过顶杆 14 卸下主轴孔内的刀具。由电动机经变速机构、传动齿轮、滑移齿轮 4 到齿轮 13 传动主轴。上齿盘 5 固定在转塔体 8 上,下齿盘 6 则固定在转塔底座上。转塔体 8 由两个推力球轴承 7、9 支承在中心液压缸 11 上,活塞和活塞杆 10 固定在转塔头底座上。当压力油进入油缸下腔时,转塔头即被压紧在底座上。

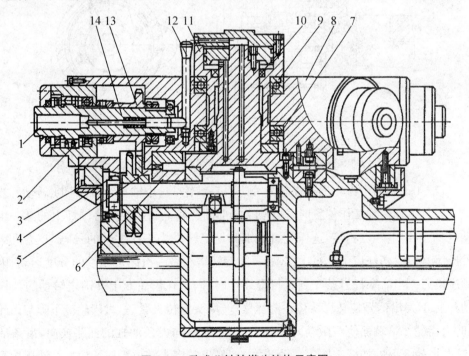

图 3-12 卧式八轴转塔头结构示意图

1—主轴;2—前轴承座;3—大齿轮;4—滑移齿轮;5,6—齿盘;7,9—推力球轴承;
8—转塔体;10 活塞杆;11—中心液压缸;12—操纵杆;13—齿轮;14—顶杆

转塔头的转位过程如图 3-13 所示。首先由液压拨叉(图中未示出)移动滑移齿轮 4(图 3-12),使它脱开齿轮 13(图 3-12),然后压力油经固定活塞杆 10(图 3-12)中的孔进入中心液压缸 11(图 3-12)的上腔,使转塔体 8(图 3-12)抬起,齿盘 5(图 3-12)和齿盘 6(图 3-12)脱开。当转塔头体 1 抬起时,与其连在一起的大齿轮 2 也上移,与轴 4 上的齿轮 3 啮合。当推动转塔头转位液压缸活塞移动时,活塞杆齿条 5 经齿轮传动轴 4,使转塔头转位。

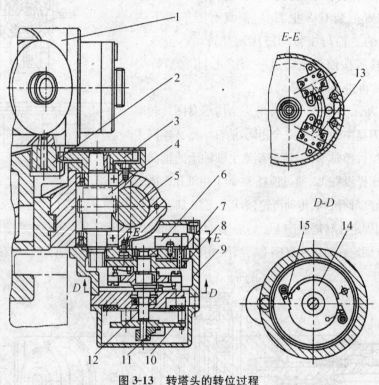

图 3-13　转塔头的转位过程

1—转塔头体;2—大齿轮;3,8—齿轮;4—轴;5—活塞杆齿条;6,13—微动开关;
7—挡杆;9—壳体;10—盘;11—杠杆;12—小轴;14—棘轮;15—棘爪

同时,轴 4 下端的小齿轮通过齿轮 8、棘爪 15、棘轮 14、小轴 12 使杠杆 11 转动。当转塔头下一个刀具主轴转到工作位置时,杠杆 11 端部的金属电刷从两同心圆环上的某一组电触点转动,与下一组电触点相接,这样就可识别和记忆转塔头工作主轴的号码,并给机床控制系统发出信号。活塞杆齿条 5 每次移动,只能使转塔头做一次固定角度的分度运动,因此只适于顺序换刀。当活塞杆齿条 5 到达行程终点时,固定在齿轮 8 上并随之转动的挡杆 7 按压微动开关 6,发出信号使转塔头体下降压紧,转塔头定位夹紧时,大齿轮 2 下降与齿轮 3 脱开,此时大齿轮 2 下端面使一微动开关发出信号,使通向齿条油缸的油路换向,齿条活塞杆复位,这时齿轮 8 上的挡杆 7 按压微动开关 13,发出转塔头转位完毕的信号。液压拨叉重新将滑移齿轮 4(图 3-12)移到与齿轮 13(图 3-12)啮合的位置,使在工作位置的刀具主轴接通主运动链。

3. 车削中心动力刀具

车削中心动力刀具主要由三部分组成：动力源(本节不再详述)、变速传动装置和刀具附件(钻孔附件和铣削附件等)。

(1) 变速传动装置

如图 3-14 所示是动力刀具的传动装置。传动箱 2 装在转塔刀架体(图中未画出)的上方。变速电动机 3 经锥齿轮副和同步齿形带，将动力传至位于转塔回转中心的空心轴 4。空心轴 4 的左端是中央锥齿轮 5。

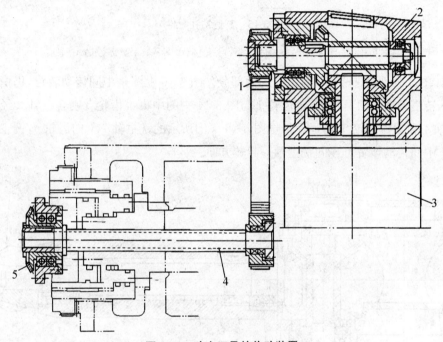

图 3-14 动力刀具的传动装置

1—齿形带；2—传动箱；3—变速电动机；4—空心轴；5—中央锥齿轮

(2) 动力刀具附件

动力刀具附件有许多种，现仅介绍常用的两种。

1) 图 3-15 所示是高速钻孔附件。轴套的 A 部装入转塔刀架的刀具孔中。刀具主轴 3 的右端装有锥齿轮 1，与图 3-14 的中央锥齿轮 5 相啮合。主轴前端支承是三联角接触球轴承 4，后支承为滚针轴承 2。主轴头部有弹簧夹头 5。拧紧外面的套，就可靠锥面的收紧力夹持刀具。

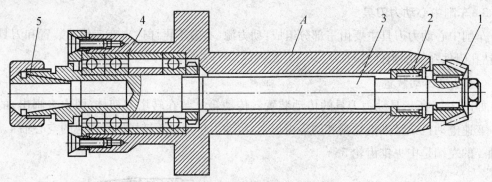

图 3-15　高速钻孔附件

1—锥齿轮；2—滚针轴承；3—刀具主轴；4—角接触球轴承；5—弹簧夹头；A—轴套

2）如图 3-16 所示是铣削附件，分为两部分。图 3-16 上图是中间传动装置，仍由锥套的 A 部装入转塔刀架的刀具孔中，锥齿轮 1 与图 3-14 中的中央锥齿轮 5 啮合。轴 2 经锥齿轮副 3、横轴 4 和圆柱齿轮 5，将运动传至图 3-16 下图所示的铣主轴 7 上的齿轮 6，铣主轴 7 上装铣刀。中间传动装置可连同铣主轴一起转方向。

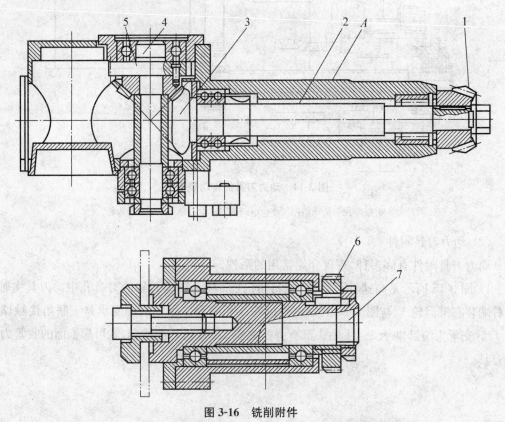

图 3-16　铣削附件

1、3—锥齿轮；2—轴；4—横轴；5、6—圆柱齿轮；7—铣主轴；A—轴套

（3）动力刀具的结构

车削中心加工工件端面或柱面上与工件不同心的表面时，主轴带动工件做分度运动或直接参与插补运动，切削加工主运动由动力刀具来实现。图 3-17 所示为车削中心转塔刀架上的动力刀具结构。

当动力刀具在转塔刀架上转到工作位置时[图 3-17（a）中位置]，定位夹紧后发出信号，驱动液压缸 3 的活塞杆通过杠杆带动离合齿轮轴 2 左移，离合齿轮轴左端的内齿轮与动力刀具传动轴 1 右端的齿轮啮合，这时大齿轮 4 驱动动力刀具旋转。控制系统接收到动力刀具在转塔刀架上需要转位的信号时，驱动液压缸活塞杆通过杠杆带动离合齿轮轴右移至转塔刀盘体内（脱开传动），动力刀具在转塔刀架上才开始转位。

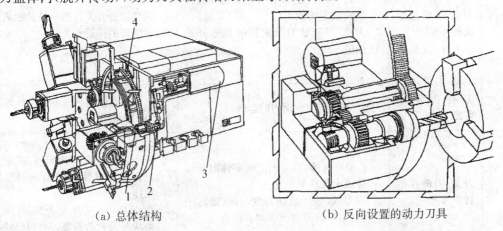

（a）总体结构 （b）反向设置的动力刀具

图 3-17 车削中心转塔刀架上的动力刀具结构

1—刀具传动轴；2—齿轮轴；3—液压缸；4—大齿轮

二、故障诊断与维护

1. 故障诊断

刀库的主要故障有：刀库不能转动或转动不到位；刀套不能夹紧刀具；刀套上下不到位等。如表 3-10 所示为刀库的常见故障及其诊断方法。

表 3-10 刀库的常见故障及诊断方法

序号	故障现象	原因分析	排除方法
1	选刀时刀盘/刀链不起动	1. 刀盘/刀链数刀及定位的接近开关未感应 2. 接近开关故障 3. 分度机构马达故障 4. 马达刹车器故障 5. 回刀（气/油缸伸出）的磁簧开关未感应	1. 调整接近开关至适当位置 2. 更换新的接近开关 3. 修理或更换新的马达 4. 检查其线路或更换零件 5. 调整磁簧开关至适当位置

序号	故障现象	原因分析	排除方法
2	刀盘/刀链停止位置未到位	1. 分度机构马达刹车不动作 2. 刀盘/刀链数刀及定位的接近开关与干预块距离较大 3. 刀盘/刀链数刀及定位的接近开关故障	1. 检查马达刹车接线是否正确或零件是否故障 2. 调整接近开关与感应块的距离 3. 更换新的接近开关
3	刀盘/刀链连续旋转不停	1. 刀盘/刀链数刀及定位的接近开关与感应块距离较大 2. 刀盘/刀链数刀及定位的接近开关故障	1. 调整接近开关与感应块的距离 2. 更换新的接近开关
4	刀套固定座变形	刀盘/刀链在刀套倒刀时运转	换一组新的刀套固定座,并在校正后打上弹簧销
5	刀盘/刀链在运转中卡死	1. C型环脱落,刀套固定座零件散开而造成卡死现象 2. 倒刀气/油压缸在刀盘/刀链运转中动作,导致刀套卡在倒刀位置	1. 拆下散开的刀套固定座,并检查是否能用或换一组新的刀套固定座 2. 检查刀套固定座是否变形,倒刀滑块与滚轮若脱雕,须将其装回
6	刀套在回刀与倒刀时会抖动	1. 倒刀滑座润滑不良 2. 倒刀气/油压缸速度不均	1. 补充黄油 2. 调整进气/油压力与调速装置
7	刀套在倒刀或回刀位置未定位,导致有松动现象	倒刀拉杆螺纹已松动	将其调整正常并锁紧
8	倒刀气/油压缸不动作	1. 倒刀(气/油缸缩回)定位磁簧开关故障 2. 回刀(气/油缸伸出)定位磁簧开关故障 3. 刀盘/刀链未定位 4. 倒刀气/油压缸未进气压	1. 更换新的磁簧开关 2. 更换新的磁簧开关 3. 使刀盘/刀链定位 4. 检查气/油源有无压力及电磁阀有无动作

2. 案例分析

（1）故障现象。自动换刀时刀链运转不到位。当进行自动换刀程序时,刀库开始运转,但是所需要的刀具没有传动到位,刀库就停止运转。3 min 后机床自动报警。

(2) 分析诊断。MPA-H100A 加工中心是日本三菱公司广岛工机工厂生产,所配 CNC 系统为 FANUC 6M-MODELB,工作台为 1000 mm×1000 mm,60 把刀具。由上述故障查报警知道是换刀时间超出。此时在 MDI 方式中,无论用手动输入刀库顺时针旋转还是逆时针旋转动作指令,刀库均不动作。检查电气控制系统,没有发现什么异常;PMC 输出指示器上的发光二极管燃亮,表明 PMC 有输出,刀库顺时针和逆时针传动电磁阀上的逆时针一侧的发光二极管燃亮,表明电磁阀有电,此时刀库不动作,那么问题应该发生在液压系统或者其他方面。但是液压系统的压力正常,各油路畅通并无堵塞现象,检查各个液压阀的液压器件也没有什么问题,估计故障可能出在液压马达上。为此,拆除了防护罩,卸下了液压马达,能拆卸检查的部分,都做了检查,也没有发现什么问题;后又将液压马达送到大连组合机床研究所去鉴定,其测试结论是液压马达是完好的。经仔细分析研究后认为,问题只有一个,那就是机械方面的故障。但刀库的各部位,各个零件均无明显的损伤痕迹,因此机械故障可排除在外。最后问题归结为一点,即刀库负载太重,或者有阻滞的部位,以至液压马达带不动所致。

事实上的确如此。在加工 10 T 叉车箱体时,由于工件较复杂,加工面较多,所用刀具多达 40 多把,而且大、长、重的刀具(最重的刀具达 25 kg 以上)用量都很大,而且当时忽略了刀具在刀库上的分布情况,重而长的刀具在刀库上没有均匀分布,而是集中在一段,造成刀库的链带局部拉得太紧,变形较大,并且可能有阻滞现象,所以机床的液压马达带不动。最后把刀库链带的可调部分稍松了一些,结果一切都恢复正常,说明问题的确是出在机械上。

注意:刀库的链带又不能调得太松,否则会有"飞刀"的危险。

3. 维护要点

(1) 严禁把超重、超长的刀具装入刀库,防止在机械手换刀时掉刀或刀具与工件、夹具等发生碰撞。

(2) 顺序选刀方式必须注意刀具放置在刀库中的顺序要正确,其他选刀方式也要注意所换刀具是否与所需刀具一致,防止换错刀具导致事故发生。

(3) 用手动方式往刀库上装刀时,要确保装到位,装牢靠,并检查刀座上的锁紧装置是否可靠。

(4) 经常检查刀库的回零位置是否正确,检查机床主轴回换刀点位置是否到位,发现问题要及时调整,否则不能完成换刀动作。

(5) 要注意保持刀具刀柄和刀套的清洁。

(6) 开机时,应先使刀库空运行,检查各部分工作是否正常,特别是行程开关和电磁阀能否正常动作。

课题二 换刀机构的调试

任务引入

本课题完成换刀机构的调试,具体任务为:

1. 校正换刀臂的正确位置(参考机床换刀臂校准参数)。
2. 主轴的准停调整。
3. 设定第二参考点。

任务分析

采用机械手进行刀具交换的方式应用的最为广泛,这是因为机械手换刀有很大的灵活性,而且可以减少换刀时间。

本课题可以分为以下几步来进行,课题计划方案见下表:

表 3-11

步骤	项目方案	检测要求
1	用百分表测量机械手底面与机床 Y 向的平行度;用专用检具调整机械手刀具中心座与主轴锥孔中心同轴度	参考机床有关参数要求
2	在主轴定向位置,用扳手手动机械手 65°,使机械手刀座中心对正主轴中心。旋转手轮上下移动 Z 轴,调整主轴定位键处在机械手刀座槽的正中位置	利用塞尺检查定位键与刀座槽两侧间隙一致

相关知识

机械手的结构形式是各种各样的,换刀运动也各不相同。

一、机械手的形式与种类

在自动换刀数控机床中,机械手的形式也是多种多样的,常见的几种形式见表 3-12 所示。

表 3-12 常用机械手的形式

序号	图示	应用特点
1		机械手的手臂可以回转不同的角度进行自动换刀,手臂上只有一个夹爪,不论在刀库上或在主轴上,均靠这一个夹爪来装刀及卸刀,因此换刀时间较长
2	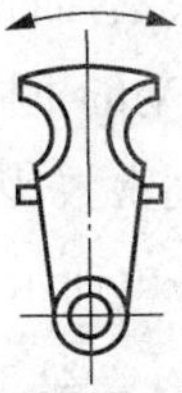	机械手的手臂上有两个夹爪,两上夹爪有所分工,一个夹爪只执行从主轴上取下"旧刀"送回刀库的任务,另一个爪则执行由刀库取出"新刀"送到主轴的任务。其换刀时间较上述单爪回转式机械手要少
3	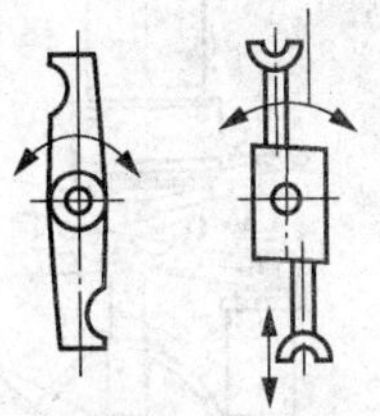	机械手的手臂两端各有一个夹爪,两个夹爪可同时抓取刀库及主轴上的刀具,回转 180°后,又同时将刀具放回刀库及装入主轴。换刀时间较以上两种单臂机械手均短,是最常用的一种形式。图右边的一种机械手在抓取刀具或将刀具送入刀库及主轴时,两臂可伸缩
4	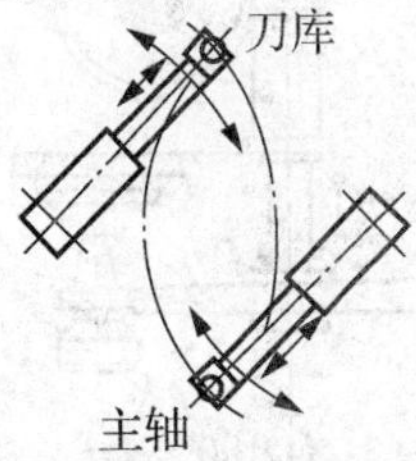	机械手相当于两个单爪机械手,相互配合起来进行自动换刀。其中一个机械手从主轴上取下"旧刀"送回刀库,另一个机械手由刀库里取出"新刀"装入机床主轴
5	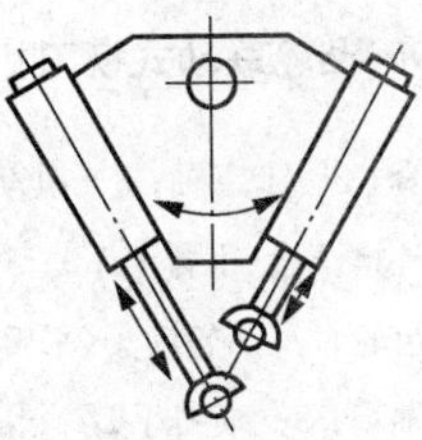	机械手的两手臂可以往复运动,并交叉成一定的角度。一个手臂从主轴上取下"旧刀"送回刀库,另一个手臂由刀库取出"新刀"装入主轴。整个机械手可沿某导轨直线移动或绕某个转轴回转,以实现刀库与主轴间的运刀运动
6	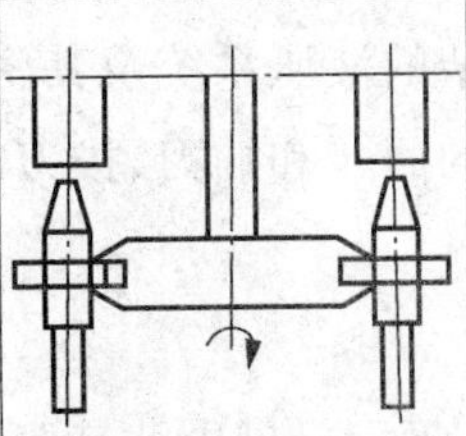	机械手只是在夹紧部位上与前几种不同。前几种机械手均靠夹紧刀柄的外圆表面以抓取刀具,这种机械手则夹紧刀柄的两个端面

二、常用换刀机械手

1. 单臂双爪式机械手

单臂双爪式机械手,也叫扁担式机械手,它是目前加工中心上用的较多的一种。这种机械手的拔刀、插刀动作,大都由液压缸来完成。根据结构要求,可以采取液压缸动,活塞固定,或活塞动,液压缸固定的结构形式。而手臂的回转动作,则通过活塞的运动带动齿条齿轮传动来实现。机械手臂的不同回转角度,由活塞的可调行程来保证。JCS-018A 型立式加工中心机械手传动结构就是这样的,如图 3-18 所示。

这种机械手采用了液压装置,既要可持不漏油,又要保证机械手动作灵活,而且每个动作结束之前均必须设置缓冲机构,以保证机械手的工作平衡、可靠。由于液压驱动的机械手需要严格的密封,还需较复杂的缓冲机构;控制机械手动作的电磁阀都有一定的时间常数,因而换刀速度慢。近年来国内外先后研制凸轮联动式单臂双爪机械手,其工作原理如图 3-19 所示。

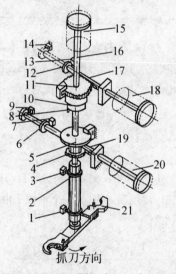

图 3-18　JCS-018A 型立式加工中心机械手

1,3,7,9,13,14—行程开关;2,6,12—挡环;
4,11—齿轮;5—连接盘;8—销子;
10—传动盘;15,18,20—液压缸;
16—轴;17,19—齿条;21—机械手

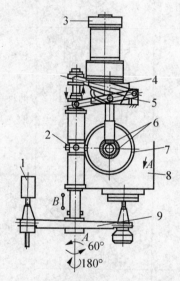

图 3-19　凸轮联动式换刀机械手

1—刀套;2—十字轴;3—电动机;
4—圆柱槽凸轮(手臂上下);5—杠杆;
6—锥齿轮;7—凸轮滚子(平臂旋转);
8—主轴箱;9—换刀手臂

凸轮联动式换刀机械手的优点是:由电动机驱动,不需较复杂的液压系统及其密封、缓冲机构,没有漏油现象,结构简单,工作可靠。同时,机械手手臂的回转和插刀、拔刀的分解动作是联动的,部分时间可重叠,从而大大缩短了换刀时间。

2. 双臂单爪交叉型机械手

由北京机床研究所开发和生产的 JCS013 卧式加工中心,所用换刀机械手就是双臂单爪交叉型机械手,如图 3-20 所示。

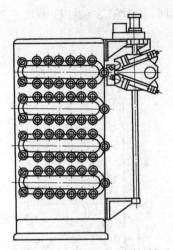

图 3-20　双臂单爪交叉型机械手

3. 单臂双爪且手臂回转轴与主轴成 45°的机械手

机械手结构如图 3-21 所示。

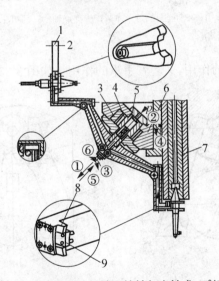

图 3-21　单臂双爪且手臂回转轴与主轴成 45°机械手

1—刀库；2—刀库轴线；3—齿条；4—齿轮；5—抓刀活塞

6—机械手托架；7—主轴；8—报刀定块；9—抓力动块

这种机械手优点是换刀动作可靠，换刀时间短；缺点是刀柄精度要求高，结构复杂，联机调整的相关精度要求高，机械手离加工区较近。

三、手爪形式

1. 钳形手的杠杆手爪

如图 3-22 所示，图中的锁销 2 在弹簧（图中未画出此弹簧）作用下，其大直径外圆顶着止退销 3，杠杆手爪 6 就不能摆动张开，手中的刀具就不会被甩出。当抓刀和换刀时，锁销 2

被装在刀库主轴端部的撞块压回,止退销 3 和杠杆手爪 6 就能够摆动、放开,刀具就能装入和取出。这种手爪均为直线运动抓刀。

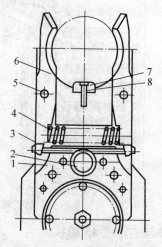

图 3-22 钳形机械手手爪

1—手臂;2—锁销;3—止退销;4—弹簧;5—支点轴;6—手爪;7—键;8—螺钉

2. 刀库夹爪

刀库夹爪既起着刀套的作用,又起着手爪的作用。如图 3-23 所示为刀库夹爪示意图。

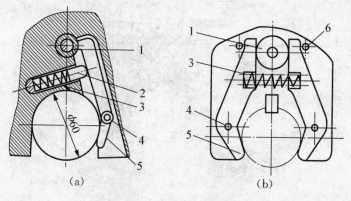

图 3-23 刀库夹爪示意图

1—锁销;2—顶销;3—弹簧;4—支点轴;5—手爪;6—挡销

四、机械手结构原理

如图 3-24 所示,机械手结构及工作原理如下:机械手有两对抓刀爪,分别由液压缸 1 驱动其动作。当液压缸推动机械手抓刀爪外伸时(图 3-24 中上面一对抓刀爪),抓刀爪上的销轴 3 在支架上的导向槽 2 内滑动,使抓刀爪绕销 4 摆动,抓刀爪合拢抓住刀具;当液压缸回缩时(图 3-24 中下面的抓刀爪),支架 2 上的导向槽迫使抓刀爪张开,放松刀具。由于抓刀动作由机械机构实现,且能自锁,因此工作安全可靠。

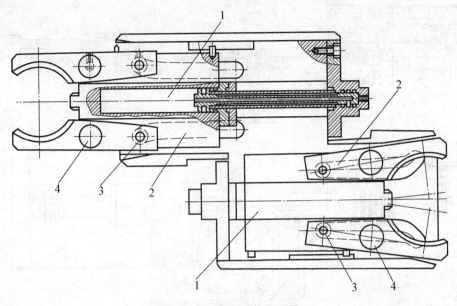

图 3-24 机械手结构原理图

1—液压缸；2—支架导向槽；3—销轴；4—销

五、机械手的驱动机构

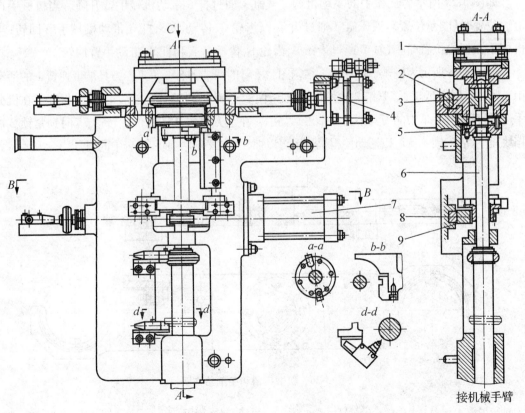

接机械手臂

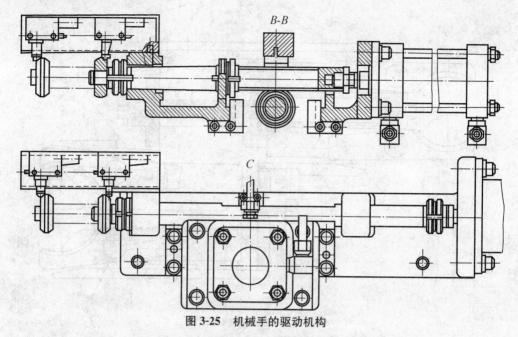

图 3-25　机械手的驱动机构

1—升降气缸；2—齿条；3—齿轮；4—液压缸；5—传动盘；
6—杆；7—转动气缸；8—齿轮；9—齿条

如图 3-25 所示为机械手的驱动机构。气缸 1 通过杆 6 带动机械手臂升降。当机械手在上边位置时（图示位置），液压缸 4 通过齿条 2、齿轮 3、传动盘 5、杆 6 带动机械手臂回转；当机械手在下边位置时，气缸 7 通过齿条 9、齿轮 8、传动盘 5 和杆 6，带动手臂回转。

如图 3-26 所示为机械手臂和手爪结构图。手臂的两端各有一手爪。刀具被带弹簧 1 的活动销 4 紧靠着固定爪 5。锁紧销 2 被弹簧 3 弹起，使活动销 4 被锁位，不能后退，这就保证了在机械手运动过程中，手爪中的刀具不会被甩出。当手臂在上方位置从初始位置转过 75°时锁紧锁 2 被挡块压下，活动锁 4 就可以活动使得机械手可以抓住（或放开）主轴和刀套中的刀具。

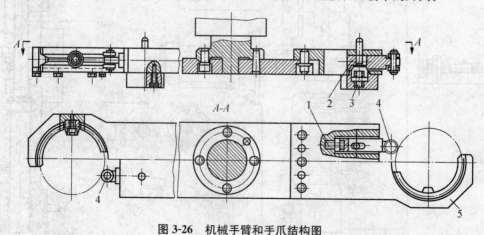

图 3-26　机械手臂和手爪结构图

1—弹簧；2—锁紧锁；3—弹簧；4—活动销；5—固定爪

任务实施

一、操作注意事项

1. 检查各部位润滑情况,保证油液足量,润滑良好。

2. 在调整和使用各行程开关时,注意手部安全。

3. 手动调整换刀系统,要求各换刀动作达到准确无误并多次测试。

二、工具准备

本任务中需要采用的工具见下表:

表 2-13　工具准备

序号	工量具名称	用途
1	固定扳手	外六角调整螺栓的调整与紧固
2	六角扳手	以扳手套在换刀机构马达心轴,手动旋转
3	套筒扳手	手动机械手电机主轴,完成调整工作
4	百分表及表座	测量换刀臂心轴与主轴垂直方向的平行度
5	塞尺	检验主轴定位键与机械手刀座槽的对中后的间隙

注:工量具详细内容见本书附录。

三、实施步骤

1. 调试机械手

刀库安装在立柱左侧,由机械手实现自动换刀。换刀过程如下:机械臂处于待机位置,待主轴定位后,旋转 180 度两手爪分别抓住刀套及主轴上的刀柄,待主轴夹爪松开信号打开后,机械臂向下拉刀,然后再旋转 180 度,向上分别插入刀套及主轴孔内待主轴夹爪夹紧,机械臂逆转 180 度,刀套做回刀动作,回刀讯号确认后完成一次换刀动作。

机械手式刀库安装调整后,机械手的位置也就确定了。机械手的调试主要保证机械手底面与机床 Y 向的平行度不大于 0.1 mm 和调整机械手刀具中心座与主轴锥孔中心同轴度。

任务必读点:

1. 机械手抓刀刀具的中心座与主轴锥孔中心同轴度检测方法

(1) 装好检测工具,Z 轴回零。

如图 3-27(a)所示检测工具是由芯棒、圆环、刀套组成。上部分安装在主轴上,中间的圆环是安装在机械手上的,如图 3-26(b)所示。

(2) 把刀库的运行方式调到手动模式。

(3) 使用扳手转动机械手到达换刀位置如图 3-27(c)所示。

（4）把芯棒插入圆环中，转动芯棒，观察能否顺利平滑进入刀套。不能平滑地进入可以通过调节调节块进行调节。转动芯棒，观察芯棒顶端在哪个区域里多，就调节相反方向的调节块。

（5）固定好调节块与刀架。

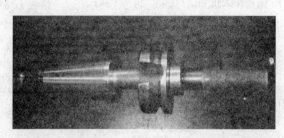

（a）检测工具

（b）安装位置

（c）换刀位置

图 3-27　机械手抓刀刀具中心座与主轴锥孔中心同轴度检测方法

2. 自动换刀装置及其动作分解

对于刀库侧向布置、机械手平行布置的加工中心，其换刀动作分解见图 3-28 所示；对于刀库侧向布置、机械手角度布置的加工中心，其换刀动作分解见图 3-29 所示。

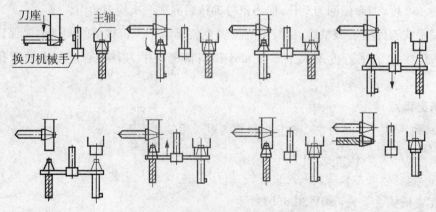

图 3-28　平行布置机械手的换刀过程

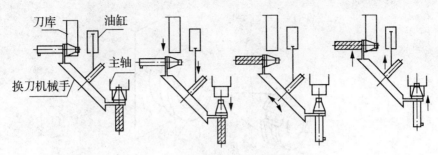

图 3-29　角度布置机械手的换刀过程

机械手换刀装置的自动换刀动作如下：

主轴端：主轴箱回到最高处（Z 坐标零点），同时实现"主轴准停"。即主轴停止回转并准确停止在一个固定不变的角度方位上，保证主轴端面键也在一个固定的方位，使刀柄上的键槽能恰好对正端面键。

刀库端：刀库旋转选刀，将要更换刀号的新刀具转至换刀工作位置。对机械手平行布置的加工中心来说，刀库的刀套还需要预先做 90°的翻转，将刀具翻转至与主轴平行的角度方位。

（1）机械手分别抓住主轴上和刀库上的刀具，然后进行主轴吹气，气缸推动卡爪松开主轴上的刀柄拉钉。

（2）活塞杆推动机械手伸出，从主轴和刀库上取出刀具。

（3）机械手回转 180°，交换刀具位置。

（4）将更换后的刀具装入主轴和刀库，主轴气缸缩回，卡爪卡紧刀柄上的拉钉。

（5）机械手放开主轴和刀库上的刀具后复位。对机械手平行布置的加工中心来说，刀库的刀套还需要再做 90°翻转，将刀具翻转至与刀库中刀具平行的角度方位。

（6）限位开关发出"换刀完毕"的信号，主轴自由，可以开始加工或其他程序动作。

2. 主轴准停调整

主轴准停也叫主轴定向。在数控机床及加工中心上，每一次装卸刀杆时，都必须使刀柄上的键槽对准主轴上的端面键。这就要求有自动换刀功能的数控机床的主轴，每次都停在一个固定的准确位置上，即主轴定向准停功能。

在加工中心中，当主轴停转进行刀具交换时，主轴需停在一个固定不变的位置上，从而保证主轴端面上的键也在一个固定的位置。这样，换刀机械手在交换刀具时，能保证刀柄的键槽对正主轴端面上的定位键，如图 3-30 所示。

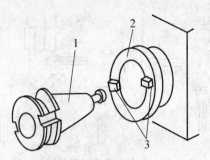

图 3-30　刀具交换

1—刀柄；2—主轴；3—定位键

（1）在调整主轴时候要将换刀执行机构与 Z 轴移动联锁解除。在正常情况下，机械手偏离原点位置，Z 轴移动被锁住即 Z 轴无法移动。这是防止机械手被压坏的保护措施。为方便调整第二参考点和主轴定向，可采用以下方法：选择手轮工作方式，同时按住主轴停和进给保持按钮保持 5 秒钟以上，等手轮插入按键内的指示灯开始闪烁，表示联锁已解除。此时可用手轮上下移动 Z 轴。调整结束按系统复位键或转换工作方式，闪烁指示灯熄灭，恢复到正常联锁状态。

（2）调整之前机械手要先回零。将机床断电，人爬到机械手电机附近，将电机刹车手柄推向左方，用套筒扳手旋转电机轴使机械手回到初始的垂直方向，转到机械手臂不随转动时再将电机转 1.5 转，然后将刹车手柄向右拨至原刹车位置。机床通电后，查看换刀机构观察窗中的三个红色 LED 灯，仅中间一个灯亮，才表明机械手已回到原点（50 号刀柄的刀库为上下两个 LED 灯同时亮），否则要继续手动调整。

（3）刀库电机和机械手电机电源相序确认。正确相序标志为：刀库正转，向刀号增大方向转动；机械手动作顺序（从上往下看）：逆时针旋转 65°（抓刀）→逆时针旋转 180°（交换刀具）→顺时针旋转 65°（回原点位置）。如有错，调整机床电源进线相序。

（4）调整方法。Z 轴回到参考点后 MDI 方式执行定向指令 M19，使主轴（空刀状态）处于定向位置，手动拨电磁阀使机械手进入，摇动手轮往下移动 Z 轴，使主轴定位键处在机械手刀座槽的正中位置，如不在则向上移动 Z 轴到安全位置，修改定向参数 P4077 如图 3-31，重复以上过程直到主轴定向后定位键处在刀座槽的正中位置为止。

图 3-31　定向调整参数

任务必读点：

1. V 型槽定位盘准停装置

在主轴上固定一个 V 型槽定位盘，是 V 型槽与主轴上的端面键保持一定的相对位置，如图 3-32 所示。

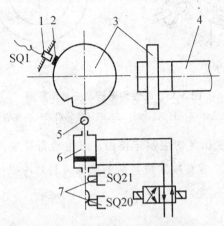

图 3-32　V 型槽定位盘准停装置

1—无触点开关；2—感应块；3—V 型槽定位盘；4—主轴；
5—滚轮；6—定位液压缸；7—定位行程开关

当准停指令 M19 发出后，主轴降速运动（此转动速度可以通过参数设定）。当无触点开关 SQ1 发出有效信号并被检测后，主轴电动机停转并断开主轴传动链，此时主轴电动机及其相连的传动件由于惯性继续空转。与此同时，准停油缸 6 的定位活塞伸出，活塞上滚轮开始接触定位盘。当定位盘上的 V 型槽与滚轮对正时，由于油缸的压力使滚轮 5 插入 V 型槽使主轴准停。同时，定位行程开关（SQ21）发出定向完成应答信号，表示定向动作完成。无触点开关的感应块 2 能在圆周上进行调整，从而保证定位活塞伸出、滚轮接触定位盘后，在主轴停转之前，恰好落入定位盘上的 V 型槽内。而 SQ20 为准停释放信号。采用这种准停方式，电气必须有逻辑互锁，即只有当 SQ21 有效时，才能进行后面诸如换刀等动作。而只有当 SQ20 有效时，才能使主轴电动机正常运转。上述准停逻辑功能一般是由数控系统所配的可编程控制器（PLC）软件梯形图控制完成的。

2. 磁性传感器和编码器准停装置

磁性传感器和编码器准停装置是电气定向准停控制方式，现代数控机床中大都采用这种控制方式。利用装在主轴上的磁性传感器或编码器作为检测元件，通过他们的输出信号，使主轴正确地停在规定的位置上。如图 3-33 所示，为磁性传感器及安装示意图。主轴 1 上安装一个发磁体 2，使之与主轴一起旋转。在距离发磁体旋转轨迹 1～2 mm 处固定一个磁性传感器 4，而磁性传感器与伺服放大器连接。

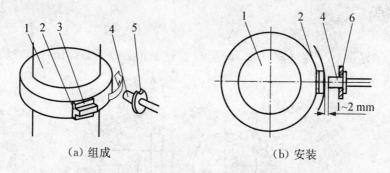

（a）组成　　　　　　　　　　（b）安装

图 3-33　磁性传感器及安装示意图

1—主轴；2—发磁体；3—判别基准孔；4—磁性传感器；5—基准槽；6—主轴套筒

图 3-34 为磁性传感器主轴定向控制连接图。当主轴需要定向时，CNC 发出主轴定向指令，主轴立即处于定向状态。当发磁体的判别基准孔转到对准磁性传感器的基准槽时，主轴便停在规定的位置上。

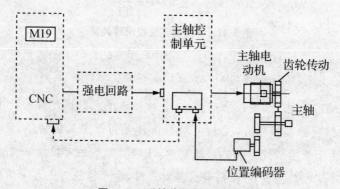

图 3-34　磁性传感器连接图

图 3-35 为编码器主轴定向控制连接图，采用编码器定向准停控制，实际上是在主轴转速控制的基础上增加一个位置控制环。位置编码器反馈的信号经主轴伺服放大器送回到 CNC，由 CNC 运算后再送入伺服放大器去控制主轴伺服电机。因此，编码器主轴定向控制可在 $0°\sim360°$ 间任意定向，例如执行 M19 S180 指令，主轴就停在 $180°$ 的位置上。

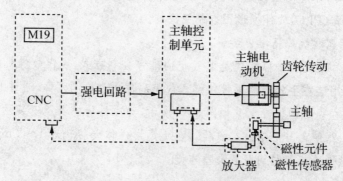

图 3-35　位置编码器（串行主轴）连接图

3. 用 PLC 进行主轴定向控制

如图 3-36 所示,为 PLC 控制的主轴定向准停梯形图。M06 是换刀指令,M19 是主轴定向指令。这两个信号并联作为主轴定向控制的主令信号。AUTO 为自动工作状态信号;手动时为"0",自动是为"1"。RST 为 CNC 系统的复位信号;ORCM 为主轴定向继电器,其触电输出到机床,用以控制主轴"定向到位"信号。

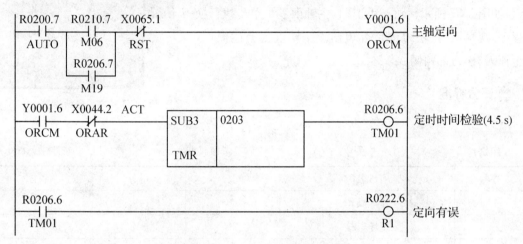

图 3-36 主轴定向准停梯形图

为了检测主轴定向是否在规定时间内完成,在此应用了功能指令 TMR(定时器)进行定时控制。整定时限为 4.5 s,如果在 4.5 s 内不能完成定向控制,将发出报警信号,R1 为报警信号继电器。

3. 第二参考点的设定

加工中心参考点又名原点或零点,是机床的机械原点和电气原点相重合的点,是原点复归后机械上固定的点。每台机床可以有一个参考原点,也可以据需要设置多个参考原点,用于自动刀具交换(ATC)或自动拖盘交换(APC)等。参考点作为工件坐标系的原始参照系,机床参考点确定后,各工件坐标系随之建立。

机械原点是基本机械坐标系的基准点,机械零部件一旦装配完毕,机械原点随即确立。电气原点,是由机床所使用的检测反馈元件所发出的栅点信号或零标志信号确立的参考点。为了使电气原点与机械原点重合,必须将电气原点到机械原点的距离用一个设置原点偏移量的参数进行设置。这个重合的点就是机床原点。在加工中心使用过程中,机床手动或者自动回参考点操作是经常进行的动作。

第二参考点也是机床上的固定点,它和机床参考点之间的距离由参数给定,第二参考点指令一般在机床中主要用于刀具交换,因为机床的 Z 轴换刀点为 Z 轴的第二参考点,也就是说,刀具交换之前必须先执行 G30 指令。用户的零件加工程序中,在自动换刀之前必须编写 G30,否则执行 M06 指令时会产生报警。第二参考点的返回,关于 M06 请参阅机床说明书辅助功能。被指令轴返回第二参考点完成后,该轴的参考点指示灯将闪烁,以指示回第二参考点的完成。机床 X 和 Y 轴的第二参考点出厂时的设定值与机床参考点重合。

第二参考点的调整方法:Z 轴回到参考点,MID 方式主轴执行 M19。手动方式移动刀库机械手到换刀位置。手动方式调整主轴位置,使主轴与机械手保持在一个安全距离,参数输入 1241-Z。第二参考点需要设定参数 1241-Z 的数值,如图 3-37 所示。机械手退回,主轴回零。单步执行换刀程序,观察抓刀、松刀都是否顺畅。反复重复上述操作,直至抓刀、松刀都顺畅。

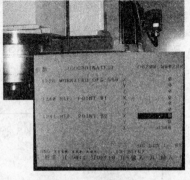

图 3-37 参数设置

评分标准

表 3-14

组别:　　　　考件号:　　　　考核日期:　　　年　　月　　日

序号	项目名称	配分	得分	备注
1	基本操作	80		
2	现场考核	20		
合计		100		

考试时间:90 分钟

表 3-15　基本操作评分记录表

序号	考核内容	考核要求	配分	实测	得分
1	导轨的搬运	型号选择正确、搬运规范	5		
2	安装面和螺孔的清理	回攻、倒角、去毛刺、去锈、清洗	10		
3	装导轨	正确安装	20		
4	压块的安装	正确安装	10		
5	对表初校	正确安装	5		
6	精度调整	不准锉削	5		
7	精度检查	精度在≤0.01 mm	15		
8	接触点检查	25×25 mm 内≥6 点	5		
9	接触面检查	0.04 mm 塞尺不得塞入	5		
合计			80		

考评员:　　　　　　　　　　　　　　　　　年　　月　　日

表 3-16 现场考核情况评分记录表

序号	考核内容	考核要求	配分	评分标准	得分
1	安全文明	正确执行安全技术操作规程做到工地整洁，工件、工具摆放整齐	10	造成重大事故，考核全程否定	
2	设备使用	机床整洁无杂物，机床四周无杂物	5	违规扣 3～5 分	
3	工量具使用	正确使用工量具	5	违规扣 3～5 分	
合计			20		

 知识链接

一、无机械手换刀装置

无机械手换刀装置一般采用把刀库放在主轴箱可以运动到的位置或整个刀库（或某一刀位）能移动到主轴箱可以达到的位置，同时，刀库中刀具的存放方向一般与主轴上的装刀方向一致。换刀时，由主轴运动到刀库上的换刀位置，利用主轴直接取走或放回刀具。

1. 换刀装置的工作原理

如图 3-38 所示是 TH5640 无机械手换刀动作示意图，该装置由刀库和自动换刀机构组成。刀库可在导轨上做左右及上下移动，以完成卸刀和装刀动作，左右及上下运动分别通过左右运动气缸及上下运动气缸来实现。刀库的选刀是利用电动机经减速带动槽轮机构回转实现的。为确定刀号，在刀库内安装有原位开关和计数开关。换刀时，首先刀库由左右运动气缸驱动在导轨上做水平移动，刀库鼓轮上一空缺刀位插入主轴上刀柄凹槽处，刀位上的夹刀弹簧将刀柄夹紧，见图 3-38(a)；然后主轴刀具松开装置工作，刀具松开，见图 3-38(b)；刀库在上下运动气缸的作用下向下运动，完成拔刀过程，见图 3-38(c)；接着刀库回转选刀，当刀位选定后，在上下运动气缸的作用下，刀库向上运动，选中刀具被装入主轴锥孔，主轴内的拉杆将刀具拉紧，完成刀具装夹；左右运动气缸带动刀库沿导轨返回原位，完成一次换刀。

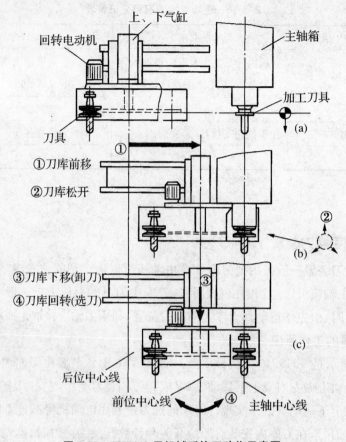

图 3-38　TH5640 无机械手换刀动作示意图

2. 应用特点

无机械手换刀装置的优点是结构简单、成本低，换刀的可靠性较高；缺点是换刀时间长，刀库因结构所限容量不多。这种换刀装置在中、小型加工中心上经常采用。

二、故障诊断与维护

1. 故障诊断

机械手在安装使用中常见的故障及诊断方法，见表 3-17 所示。

表 3-17 常见的故障及诊断方法

序号	故障现象	原因分析	排除方法
1	机械手换刀时不动作或不顺畅	1. 马达不转动 2. 马达刹车器的间隙调整太小 3. 凸轮转子损坏 4. 机构原点感应块位置不当 5. 接近开关故障 6. 倒刀定位的磁簧开关未感应	1. 确认接线或更换马达 2. 调整马达刹车器间隙或更换 3. 更换凸轮转子 4. 调整感应块至适当位置 5. 更换新的接近开关 6. 调整磁簧开关至适当位置
2	机械手扣刀不准确	换刀臂与主轴相关位置不正确	参考校准说明,重新校准刀臂至原点位置
3	机械手在旋转途中不会停止	1. 马达刹车器的磨损 2. 刹车器开放着 3. 停止用感应块偏位 4. 接近开关动作不良	1. 调整马达刹车器间隙或更换刹车器擦板 2. 确认手动刹车器开放旋转 3. 确认停止感应块 4-1. 调整接近开关间隙 0.3 mm 4-2. 更换接近开关
4	交换臂的旋转方向有动作不完成情形	1. 输出入轴的轴承松动或损坏 2. 凸轮和凸轮转子异常磨损	1. 调整轴承或更换 2. 更换凸轮及凸轮转子
5	有异常声音	1. 斜角齿轮的间隙大 2. 超出负荷容许值 3. 润滑油不足	1. 调整间隙 2. 检查臂轴的烧接 3. 给本体补充润滑油
6	旋转交换臂不能上下动作	1. 升降臂的凸轮转损坏 2. 升降臂损坏	1. 更换凸轮转子 2. 更换升降臂
7	刀具更换中脱落	1. 交换臂的夹持不完全 2. 检查刀具重量	1-1. 交换臂内的压缩弹簧损坏要更换 1-2. 确任解除销是否会动作 2. 刀具重量不得超过规定数值
8	刀具交换时掉刀	1. 换刀时主轴箱没有回到换刀点或换刀点漂移 2. 机械手抓刀时没有到位,就开始拔刀	1. 重新操作主轴箱运动,使其回到换刀点位置,重新设定换刀点 2. 调整机械手手臂使手臂爪抓紧刀柄再拔刀
9	马达过热	1. 刹车器为放开 2. 刹车器故障 3. 整流器故障	1. 检查整流器有无通电 2. 更换或修理刹车器 3. 更换新的整流器

2. 维护实例

（1）故障现象

在换刀机构的工作运转中,如发生紧急停车或停电等时,一般要重新恢复其原位置,常采用的方法是让马达反向运转。但为了机构的安全性和动作的准确性,最好应用手动方式进行恢复。

(2) 维护步骤

操作顺序是:①为了安全,将主机电源开关一定要扳到 OFF 的状态;②取下马达上部的盖板;③用十字起子卸下 3 个 M3 毫米的十字孔小螺钉,以便取下马达本体的盖板;④将刹车器开放旋钮旋转 90 度,松开刹车器;⑤用手转动马达冷却风扇(正转、反转任何一方都可以),使其恢复到原位置,通过观察检查与接近开关感应块的位置关系确定原位置;⑥将马达刹车器开放旋钮旋转 90 度,使其回到原处;⑦将电源恢复至 ON 状态。

课题三 电气管线的安装与试运转

🔘 任务引入

本课题完成电气管线的安装与试运转。

✴ 任务分析

刀库安装调整后,按照刀库与主机接线盒示意图接线(图 3-39);依据刀库控制元件位置图(图 3-40)所示各项控制元件与控制线路图(图 3-41)和主机上相关接点做安装。刀库部分的程式编写,要注意动作间的保护措施,并参考电气动作时序图或电气动作时序图说明及安装注意事项。

➤ 任务实施

一、读懂刀库的电气动作时序图

刀库的动作可通过电气动作时序图说明,如图 3-42 所示为圆盘式刀库电气动作时序图。时序图说明:1. 选刀入力(为正转或反转之就近选刀入力);2. 数刀及定位信号(使分度马达定位停止);3. 倒刀电磁阀入力;4. 倒刀定位信号;5. 刹车马达运转入力(原点起动);6. 刹车马达停止信号;7. 扣刀确认及刀具夹放松信号;8. 刀具夹放松结束刹车马达运转入力;9. 刹车马达停止入力;10. 扣刀确认及刀具夹夹紧信号;11. 刀具夹夹紧结束刹车马达运转入力;12. 刹车马达停止信号;13. 原点确认信号;14. 回刀电磁阀入力;15. 回刀定位信号(刀库换刀动作完成)。

二、安装注意事项

1. 刀库于各项动作执行时控制接点需做若干的相互牵制以提高安全性。

2. 气缸前进完成,欲做抓刀前需有少许的延时(0.1~0.25秒),目的使气压缸内气压充足,才不会造成轻微晃动。

3. 在主轴夹爪松开刀具和夹紧刀具之近接开关感应器后,如有必要可以控制程式予以延时,以避免主轴尚未完全松开刀具或夹紧刀具,即做下一步动作,所造成的强拉或掉刀的现象。

4. 气压缸的压力调至 $5\sim7\mathrm{kg/cm^2}$ 为宜。

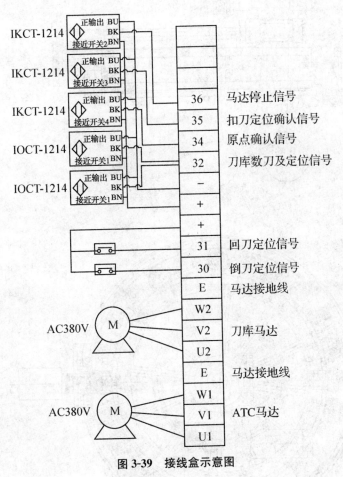

图 3-39 接线盒示意图

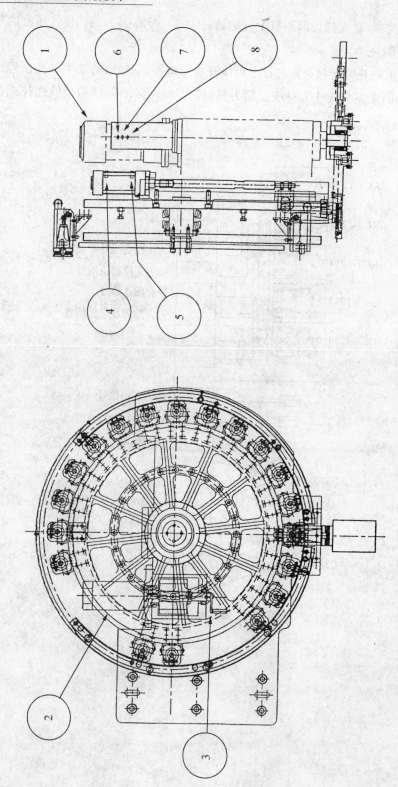

图 3-40 控制元件位置

1—马达; 2—减速马达; 3—接近开关1; 4—磁簧开关2; 5—磁簧开关1; 6—接近开关2; 7—接近开关3; 8—接近开关4

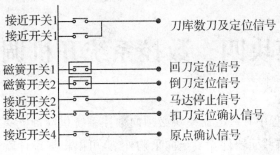

图 3-41　控制线路参考图

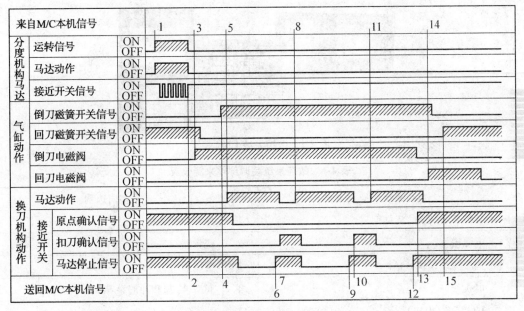

图 3-42　电气动作时序图

三、试运转

试运转时,再次检查线路与相关位置确认无误后始可进行。运转初期尽量采取单步动作,再逐步增加每一步单步之间的连贯性。单步间如有动作不顺利即立刻停机,避免造成机件的损坏。

每一相连的步骤间如有需要请给与时间延迟。连续运转时请注意动作相互牵制的保护措施。自动执行换刀程序,连续换刀每个刀位的刀具不少于 3 次(实际每个刀位换刀 4 次)的自动交换;机械手刀库半小时间隔,总计 2 小时(检查刀库运行程序)。

模块四　数控系统开机调试

数控设备制造过程中有些电器模块必须向数控系统供应商购买,如图 4-1 所示的数控系统 CNC 装置等。有些元器件除了定向采购外,也可以根据设计就近选择性配置,数控系统装调部件的来源情况见表 4-1 所示。

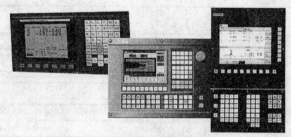

图 4-1　数控系统 CNC 装置

表 4-1　数控系统装调部件来源情况

序号	数控系统供应商提供	序号	多向选购
1	数控系统(CNC 装置)	1	外部控制面板
2	电源模块	2	变频器
3	伺服驱动模块	3	变压器
4	电机	4	润滑、冷却和冲屑泵等
5	I/O 装置(模块)	5	液压气动元件
6	CNC 装置直流电源	6	交流接触器
7	滤波器	7	继电器
8	电抗器	8	按钮、开关等

国内外各类数控系统开机调试过程基本相同,本模块以当前国内主流系统为例,其调试过程组织如下:

表 4-2

课题序号	课题名称
课题一	开机调试准备
课题二	数据备份与恢复
课题三	SINUMERIK 802D Base Line 开机调试
课题四	SINUMERIK 802D SoLution Line 开机调试
课题五	反向间隙的测量与设置

课题一　开机调试准备

任务引入

完成数控系统的开机调试准备工作。

任务分析

对数控系统进行串行调试的主要目的是：

1. 在初始化调试后，使同类机床的另一套系统尽可能省力地进入初始化调试后状态。
2. 在维修的情况下（更换了硬件），把一台新的系统尽可能省力地进入初始化状态。

任务实施

一、任务准备

1. 用户手册对应系统的安装（联机）调试手册。
2. CF 卡或个人计算机 PC（最好带 RS232 接口）等，用于进行数据保护和串行调试。
3. Tool Box（工具盒），系统供货时作为磁盘提供，也可单独订购。
4. 调试前提：设备的电器和机械安装必须正确完成。

二、调试顺序

1. 检查 CNC 引导情况。
2. 梯形图调试。
3. 设置技术数据。
4. 设置通用机床数据。
5. 设置伺服/机床专用的机床数据。
6. 测试坐标轴/主轴的空运行情况。
7. 调试完成，数据保护。

三、802D 系统组成

802D 是西门子公司生产的一种普及型数控系统（CNC），与 802S、802C 系列相比，802D 的结构、性能都有了较大的改进和提高。802D 可控制 4 个进给轴、1 个数字或模拟主轴，CNC 各组成部件之间通过 PROFIBUS 总线连接；802D 可配套采用 SIMODRIVE 611UE 驱动装置与 lFK7 系列伺服电机；其基于 Windows 的调试软件可以方便、迅捷地设置驱动参数,并对驱动器的参数进行动态优化;802D 内置集成 PLC,可对机床进行开关量逻辑控制。802D 随机提供的标准 PLC 子程序库和实例程序,可以大大简化机床制造厂的设计过程,缩短设计周期。

802D 主要用于控制车床、钻铣床和加工中心,同时也用于磨床和其他具有特殊用途的机床。802D 可以控制四轴联动,具有直线插补、平面圆弧插补、螺旋线插补、空间圆弧(CIP)插补等功能;同时还具有螺纹加工、变距螺纹加工、旋转轴控制、端面和柱面坐标转换(C 轴功能)、前馈控制、加速度突变限制、刀具寿命监控、主轴准停、刚性攻丝、恒线速切削和FRAME 功能(坐标的平移、旋转、镜像、缩放)。

802D 具有友好的操作界面,其配置的单色或彩色 10.4 英寸 TFT 显示器、水平安装方式或垂直安装方式的全功能数控键盘、标准的机床控制面板、RS-232 串行接口、生产现场总线接口、标准键盘接口、PC 卡(用于数据备份和批量生产)等都为操作和编程人员提供了较大的方便。

西门子 802D 是一种基于 PROFIBUS 总线控制的数控系统,它主要由 PCU、输入输出模块 PP72/48、机床控制面板 MCP 等部分组成。

1. PCU

PCU 是 802D 的核心部分,它通过 PROFIBUS 总线与PP72/48、伺服驱动装置 611UE等部件连接并实现数据信息的传递。PCU 的外观如图 4-2 所示。

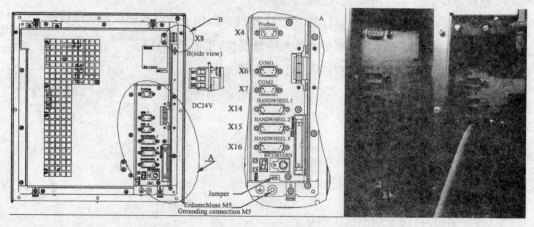

图 4-2　PCU 外观图

A 处接口说明:

X4:PROFIBUS 总线接口,用于与 PP72/48、伺服驱动装置的连接。

COM1 接口:9 芯孔式 D 型插座,用于连接外部 PC 机或 RS232 隔离器。

COM2 接口:无定义。

X14/X15/X16:手轮接口,15 芯孔式 D 型插座,用于连接手轮。

X10:键盘接口,6 芯 Mini-DIN,用于连接键盘。

B处接口说明：

X8：DC24V电源接口，用于PCU工作所需的DC24V供电电源输入。要注意，必须确认电压在额定输入电压(DC24V)的+20％～－15％的范围内才能对802D系统上电。

PCU正面状态指示：在PCU正面前端盖内有4个发光二极管，用于状态指示。

2. 输入输出模块PP72/48

输入输出模块PP72/48可以提供72个数字输入点和48个数字输出点，每个模块具有三个独立的50芯插槽(X111/X222/X333)，每个插槽内包含24个数字输入点和16个数字输出点。PP72/48输出的驱动能力为0.25A，同时系数为1。PP72/48模块的结构如图4-3所示。

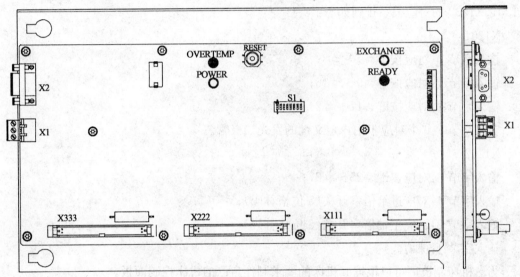

图4-3 PP72/48结构图

X1接口：3芯端子式插头，PP72/48模块工作所需的DC24V电源接口。

X2接口：9芯孔式D型插头，PROFIBUS总线连接接口。

S1开关：PROFIBUS总线地址设定开关，可以通过S1设定PP72/48模块的总线地址。

4个发光二极管：用于PP72/48的工作状态指示。绿色POWER灯用于电源指示；红色READ灯亮说明PP72/48准备就绪，但是无数据交换；绿色EXCHANGE灯亮说明PP72/48就绪，总线有数据交换；红色OVTEMP灯用于超温指示。

应注意，802D系统最多可配置两块PP72/48模块。其中，模块1的总线地址为9；模块2的总线地址为8。

模块1三个插座对应的输入输出地址分配如下：

X111：24个数字输入点(I0.0～12.7)和16个数字输出点(Q0.0～Q1.7)；

X222：24个数字输入点(I3.0～15.7)和16个数字输出点(Q2.0～Q3.7)；

X333：24个数字输入点(I6.0 ～18.7)和16个数字输出点(Q4.0～Q5.7)。

模块 2 三个插座对应的输入输出地址分配如下：

X111：24 个数字输入(I9.0～I11.7)和 16 个数字输出点(Q6.0～Q7.7)；

X222：24 个数字输入(I12.0～I14.7)和 16 个数字输出点(Q8.0～Q9.7)；

X333：24 个数字输入(I15.0～I17.7)和 16 个数字输出(Q10.0～Q11.7)。

3. 机床控制面板 MCP

机床控制面板用于机床操作方式的选择、主轴起停、轴移动方向选择、主轴倍率修调等操作。MCP 面板背后的两个 50 芯扁平电缆插座 X1201、X1202 可通过扁平电缆与 PP72/48 模块的插座连接，这样机床控制面板的所有按键输入信号与指示灯信号均使用 PP72/48 模块的输入输出点。MCP 上的所有按键输入信号和指示灯信号与 50 芯扁平电缆插座 X1201、X1202 的对应关系排列如下：

X1201

输入字节 0：对应按键♯1～♯8；

输入字节 1：对应按键♯9～♯16；

输入字节 2：对应按键♯17～♯24；

输入字节 0：6 个对应于用户定义键的发光二极管。

X1202

输入字节 3：对应按键♯25～♯27；

输入字节 4：对应进给倍率开关(5 位格林码)；

输入字节 5：对应主轴倍率开关(5 位格林码)；

输入字节 1：保留。

当然机床制造厂可以根据其机床的要求制作自己的机床控制面板。

四、西门子数控系统数据保护级

西门子公司对系统设置了一套完整的数据保护方案，在不同的保护级别下可以使用不同的数据。保护级分为 0～7 级，0 级最高，7 级最低(表 4-3)。系统出厂时设置了 1～3 的缺省密码，这些密码必须由相关人员才可以修改。

表 4-3　西门子数控系统数据保护级

保护级	保护	范围
0		西门子内部使用
1	密码：SUNRISE(缺省)	
2	密码：EVENING(缺省)	机床制造商
3	密码：CUSTOMER(缺省)	有资格的安装和操作人员
4	无密码，用户接口信号 PLC→CNC	
5～7	用户接口信号 PLC→CNC	

1～3级密码可以修改,假如操作时忘了已修改的密码,则必须重新初始化引导(调试开关1位引导),所有密码又恢复缺省密码。

如果密码删除或没有密码则适用于保护级4,保护级4～7可由用户程序通过用户接口信号进行设定。

例如:机床数据 MD 中 MD SCALING_SYSTEM_IS_METRIC;

MD10240 为 1 公制;MD10240 为 0 英制,MD203＝4(小数后显示单位)。

五、调试结束

机床生产厂家在系统调试结束后,并准备给最终用户发货之前必须完成以下工作:

1. 系统若有权限密码设定,需要重新设定密码。

2. 进行内部数据保护。

课题二 数据备份与恢复

任务引入

分别完成西门子主流数控系统数据备份与恢复、发那科主流数控系统数据备份与恢复。

任务分析

本课题可以分为以下几步来进行,课题计划方案见下表:

表 4-4

步骤	课题方案	检测要求
1	SINUMERIK 802D Base Line 数据备份与恢复	数据备份包
2	SINUMERIK 802D SoLution Line 数据备份与恢复	数据恢复后功能如常
3	FANUC 0i MC 数据备份与恢复	

任务实施

一、任务准备

1. 设备的电器和机械安装必须正确完成。

2. 数据传输设备正确连接,对应软硬件工作正常。

二、实施步骤

1. SINUMERIK 802D Base Line 数据备份与恢复

(1)内部数据保护

1）原理：把系统内部重要数据保存在系统存储区内，作为系统恢复的备份。

2）可被选择的备份/恢复文件有：机床数据、设定数据、补偿数据（LEC）。

（2）外部数据保护

1）原理：需要通过 Tool Box（工具盒）中的 WINPCIN 工具把系统内部重要数据保存在外部个人 PC 计算机中，适用于大量数据备份。生成的"串行调试文件"作为恢复文件。

2）可被选择的备份/恢复文件有（除可以储存内部保护数据外）：刀具参数、R 参数、零点偏置、零件程序、标准循环、PLC。

（3）上电和系统引导

1）调试开关 S3（硬件）：CNC 上的调试开关 S3 用于支持系统的开机调试，用螺丝刀可以调节开关位置。

表 4-5　调试开关（硬件）

位置	意　义
0	正常引导
1	用标准机床数据引导（软件版本确定用户数据）
2	系统软件升级
3	用备份数据引导
4	PLC 停止
5	保留
6	给定
7	给定

调试开关在下次通电是生效的。

2）调试开关（软件）

操作步骤：菜单 诊断→开机调试→调试开关

表 4-6　调试开关（软件）

1	正常引导	相当于调试开关 S3＝0
2	用标准机床数据引导	相当于调试开关 S3＝1
3	用备份数据引导	相当于调试开关 S3＝3

请观察面板 DIA 指示灯，如果此时有错误发生则 ERR 指示灯亮。

（4）系统数据

表 4-7 系统数据

数据类型	内容	文件类型	备份类型
零件程序和子程序	主程序目录内的所有零件程序文件	文本	分区备份
标准循环	所有在固定循环目录内的标准固定循环文件	文本	分区备份
机床数据		文本	分区备份
设定数据		文本	分区备份
刀具参数		文本	分区备份
R 参数		文本	分区备份
零点偏移		文本	分区备份
丝杠螺距误差补偿		文本	分区备份
试车数据	试车数据到 PC 机	二进制	系统备份
PLC 应用程序	PLC 应用程序(包括报警文本)到 PC 机	二进制	分区、系统

1) 内部数据保护。操作步骤:在诊断/调试菜单下用扩展键扩展菜单后按数据存储软键。(可以同时设置密码)系统内部可以把后备受时间限制的存储器中的数据保护到永久存储器中。如果系统关机超过 50 小时(每天至少开机 10 分钟),则必须进行内部数据保护。如果对重要的数据进行了修改,建议应立即进行内部数据保护。

内部保护的数据恢复方法:将调试开关拨至位置 3,然后上电起动系统。如后备存储器 RAM 中的数据丢失,则在接通电源 POWER ON 后永久存储器 FLASH 中的保护数据会自动转载到 RAM 中。屏幕上将显示"4062 转载保护数据"。

2) 外部数据保护。前提:数控系统和 WINPCIN 软件的波特率必须相同(推荐 9600bps)

数据备份操作步骤:使用"通讯/数据输出"菜单将以下作为单独文件的用户数据由 RS232 接口送到外部 PC 中。

a) WINPCIN:"接受数据 Receive Data",创建一个文件。

b) 数控系统 system:"数据"—目录中某个备份项目(如"试车数据")—"输入启动"。

把外部保护数据恢复到系统中:在"通讯"菜单下选择相应项目后按"输入启动"软键;对应 PC 机通过 WINPCIN 软件可以把相应数据传回到系统中。

说明:PLC/SimoDrive 611U/UE 数据备份与恢复操作请查考开机调试项目。

2. SINUMERIK 802D SoLution Line 数据备份与恢复

为了简化 802D SL 数控系统的调试,在 802D SL 的工具盒中提供了车床、铣床等的初始化文件。初始化的方法是利用工具软件 RCS 802 或 CF 卡将所需的初始化文件传入 802D SL 系统。

从 Windows 的"开始"中找到通讯工具软件 RCS 802,启动并建立在线连接。

利用 RCS 浏览器(图 4-4)在计算机上找到初始化文件,利用鼠标右键选择 Copy、Ctrl＋C或直接用鼠标选择文件拖动。

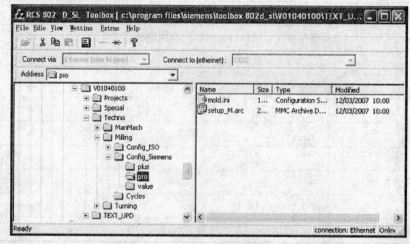

图 4-4　RCS 浏览器

在"Control 802D"中选择"要备份或恢复的文件/文件夹",用鼠标右键选 Paste、Ctrl＋V复制该文件或直接用鼠标选择文件拖动。

NC 断电、上电后初始化文件生效。

说明:PLC/Sinamic S120 数据备份与恢复操作请查考开机调试项目。

3. FANUC 0i MC 数据备份与恢复

(1) 显示引导系统屏幕画面的操作

步骤:数控机床上电同时按下右端软键(NEXT 键)及其左边的键,系统将进入引导画面。

表 4-8

序号	项目	释义
SYSTEM MONITOR MAIN MENU60M5-01		显示标题——引导系统的系列号和版本号
1	SYSTEM DATA LOADING	写入到快闪存储器
2	SYSTEM DATA CHECK	确认 ROM 版本号
3	SYSTEM DATA DELETE	快闪存储器的文件删除
4	SYSTEM DATA SAVE	对存储卡的支撑
5	SRAM DATA BACKUP	对 SRAM 区域的支撑
6	MEMORY CARD FILE DELETE	存储卡文件的删除
7	MEMORY CARD FORMAT	存储卡格式化
10	END	结束引导系统(BOOT SYSTEM),启动 CNC

(2) 备份/恢复 PMC 程序

备份操作步骤:选择 4 →[SELECT] →选择 PMC—RA →[SELECT] →[YES]

恢复操作步骤：选择 1 →[SELECT] →选择 PMC－RA →[SELECT] →[YES]

（3）用户数据的备份与恢复

备份操作步骤：选择 5 →[SELECT] →选择 1 →[SELECT] →[YES]

恢复操作步骤：选择 5 →[SELECT] →选择 2 →[SELECT] →[YES]

（4）结束引导系统屏幕画面操作

操作步骤：选择 10 →[SELECT] →[YES]

（5）数控操作系统中的卡操作

分区备份(EDIT)：SYSTEM →参数→操作→扩展键→传出→非零值

螺补备份(EDIT)：SYSTEM →扩展键→螺补→操作→扩展→传出

梯形图备份(EDIT)：SYSTEM →PMC →扩展→I/O →设定界面→EXEC

程序备份(EDIT)：PROG →操作→扩展→传出→O－9999 →执行

CARD 在线操作(DNC)：PROG →扩展→卡

评分标准

表 4-9

组别：　　　　　　考件号：　　　　　　考核日期：　　　年　　月　　日

序号	项目名称	配分	得分	备注
1	基本操作	80		
2	现场考核	20		
合计		100		

考试时间：15 分钟

表 4-10　基本操作评分记录表

序号	考核内容	考核要求	配分	实测	得分
1	项目准备	缺一项扣 1 分	5		
2	开机检查	酌情扣分	10		
3	正确连接	缺一项扣 1 分	5		
4	系列备份数据包	缺一项扣 5 分	15		
5	分区备份数据包	缺一项扣 2 分	15		
6	系统全清	不符不得分	5		
7	系统数据恢复效果	分步给分,酌情扣分	20		
8	项目结束工作	不符不得分	5		
合计			80		

考评员：　　　　　　　　　　　　　　　　　　年　　月　　日

表 4-11 现场考核情况评分记录表

序号	考核内容	考核要求	配分	评分标准	得分
1	安全文明	正确执行安全技术操作规程，操作规范	10	造成重大事故，考核全程否定	
2	设备使用	机床使用合理，开关机正常	5	违规扣 3～5 分	
3	辅助工具使用	正确使用辅助工具及设备	5	违规扣 3～5 分	
合计			20		

课题三　SINUMERIK 802D Base Line 开机调试

🦅 任务引入

完成 SINUMERIK 802D Base Line 的开机调试，主要内容包括：系统初始化、PLC 调试、驱动器调试、NC 调试、模拟主轴调试。

⚙️ 任务分析

本课题可以分为以下几步来进行，课题计划方案见下表：

表 4-12

步骤	课题方案	检测要求
1	初始化文件的安装	数据包装入，并检测到数据
2	标准梯形图的安装	系统检测，出现报警
3	NC 调试	系统及电机能正常运行

⚫ 任务实施

一、任务准备

1. 通电前检查

（1）检查 24V DC 回路有无短路；

（2）如果使用两个 24V DC 电源，检查两个电源的"0"V 是否连通；

（3）检查驱动器电源馈入模块和功率模块的直流母线是否可靠连接（直流母线上的所有螺钉必须牢固旋紧）；

（4）检查驱动器电源馈入模块的控制端子 112 和 9 是否短接；端子 NS1 和 NS2 是否短接；端子 48、63 和 64 是否分别通过继电器触点与端子 9 短接；

（5）检查驱动器功率模块到电机的连线中 U、V、W 是否连接正确（电缆线上印刷的线标是否与插头上的线标对应）；

（6）检查 611UE 上 X411 接口的信号电缆和功率模块 A1 接口电机电缆是否连接到同一台电机上；X412 接口的信号电缆和功率模块 A2 接口的电机电缆是否连接到同一台电机上；

（7）检查 611UE 上端子 663 和 9 是否短接；65A 和 9 是否短接；65B 和 9 是否短接；

（8）如果使用了 611UE 上的输出点 Q0. A 和 Q1. A，检查 611UE 上的 24V DC 电源 P24 和 M24 是否连接。

2. 第一次通电

如果通电前检查无误，则可以给系统加电。合上系统的主电源开关，802D 的 PCU、PP72/48，以及驱动器均通电。

（1）驱动器

1）电源模块：只有绿灯亮，表示主电源接通，但无使能、无报警；

2）611UE 模块：标有 R/F 的红灯亮，且液晶窗口显示：A1106——表示 611UE 出厂设定，即没有设定电机数据；

3）总线接口模块：红灯亮——表示总线无数据交换。

（2）PP72/48 模块

PP72/48 上标有"POWER"和"EXCHANGE"的两个绿灯亮——表示 PP72/48 模块就绪，且有总线数据交换。

注意：如果"EXCHANGE"绿灯没有亮，则说明总线连接有问题。

（3）主画面

802D 进入主画面后，可能会出现如下报警：

380021-PROFIBUS

DP：缺省

SDB1000 已被加载

04060-标准机床数据已加载

这时进入 802D 的系统画面，找到 PLC 状态表。在状态表上应该能够看到所有输入信号的状态（如操作面板上的按键状态、行程开关的通断状态等）。

注意：如果看不到输入信号的状态，请检查总线连接或输入信号的公共端。

二、实施步骤

1. 系统初始化

（1）调试电缆

1) 802D 调试电缆：用于 PLC 编程软件（Programming Tool PLC 802）、通讯软件（WinPCIN）和文本管理器（Text Manager）的 RS-232 通讯电缆（如图 4-5）。

2) 驱动器调试电缆：用于驱动器调试工具软件 SimoComU 的 RS-232 通讯电缆（如图 4-6）。

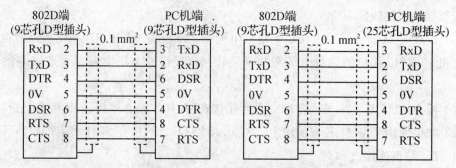

图 4-5 802D 调试电缆连线图

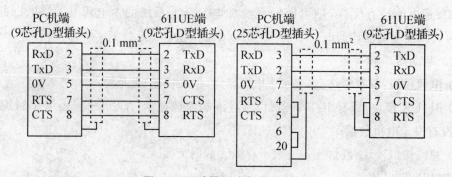

图 4-6 驱动器调试电缆连线图

提示： 在调试 802D 或调试 611UE 驱动器时，个人计算机是必不可少的工具。并且 RS-232 通讯电缆又是连接 802D 和 PC 机（或 611U 和 PC 机）的唯一途径。因此必须保证机床电气柜的保护地与计算机的保护地共地。否则可能导致 802D、611U 或计算机的硬件损坏。

802D 通讯的标准设定为硬件握手协议，所以电缆应严格按图连接。

（2）工具软件

1）工具软件的类型

在随系统提供的工具盒中提供了调试 802D 系统所需的全部软件工具和初始化文件。软件工具包括：

a）通讯软件 WinPCIN——用于 802D 与计算机之间的数据文件的传输。

b）文本管理器和工具盒——用于编写及安装 PLC 报警文本。

c）PLC 编程软件 Programming Tool PLC 802——用于编写 PLC 应用程序。

d）PLC 子程序库——用于简化 PLC 应用程序的设计。

e）驱动器调试软件 SimoCom U——用于设置及调试驱动器 611U。

2）工具软件的安装

在调试开始前需将这些软件工具安装到个人计算机中。具体步骤是：将工具盒 CD 插入光盘驱动器，计算机自动进入安装程序。当出现以下画面时，可选择所需的工具软件（如图 4-7）。

图 4-7 软件安装画面

然后计算机会自动将软件工具安装到个人计算机的硬盘上。在安装过程中如果采用缺省路径，则软件工具被安装在 C 盘上的 \Program Files\Siemens 目录下。

安装完毕后，所需的工具软件可以在计算机的"开始—程序"下找到。

系统初始化文件可在以下路径中找到：C:\Program Files\Siemens\Toolbox 802D\V020206\CONFIG

固定循环文件可在以下路径中找到：C:\Program Files\Siemens\Toolbox 802D\V020206\CYCLES

3）通讯软件（WinPCIN）（如图 4-8）

a）启动"WinPCIN"软件

图 4-8 WinPCIN 软件开启路径

b）主菜单说明（如图 4-9）

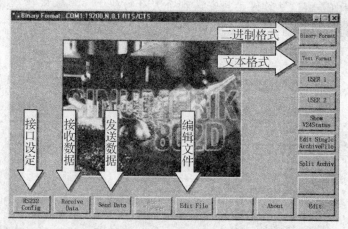

图 4-9　主菜单界面

c) RS-232 接口设定（如图 4-10）

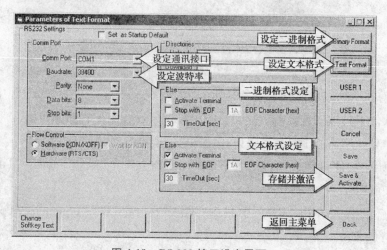

图 4-10　RS-232 接口设定界面

d) 利用通讯软件安装车床或铣床初始化文件：

● WinPCIN 选择二进制数据格式

● 802D 选择二进制数据格式（波特率必须相同），然后启动数据"读入"

● 由 WinPCIN 向 802D 发送初始化文件

● 初始化文件（如图 4-11）

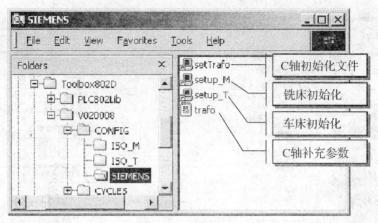

图 4-11　初始化文件说明

2. PLC 调试

一般情况下,在 802D 的各个部件连接完毕后,则需开始调试 PLC 的控制逻辑。至关重要的是必须在所有有关 PLC 的安全功能全部准确无误后,才能开始调试驱动器和 802D 参数的调试。

(1) 启动 PLC 编程软件(Programming Tool PLC 802)(如图 4-12)

图 4-12　PLC 编程软件开启路径

(2) PLC Programming Tool PLC 802 的基本操作界面(如图 4-13)

在 802D 的工具盒内提供了 PLC 子程序库和实例程序。子程序库的详细内容请参阅 "PLC 子程序库说明"。子程序库提供了各种基本子程序,利用 PLC 子图程序库可使 PLC 应用程序的设计大为简化。

如需将 PLC 项目文件下载(计算机→802D),或将 802D 内部的项目文件上载(802D → 计算机),或联机调试时,PLC 编程软件的协议应选择 802D(PPI) 并且和 802D 系统设定正确且匹配的通讯参数。

注意:802D 必须进入联机方式:(SYSTEM→PLC→SETP7 连接→"连接开启")。

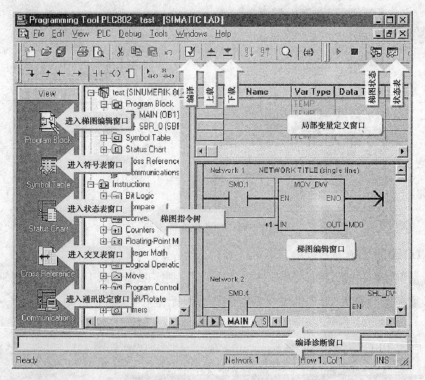

图 4-13　PLC Programming Tool PLC 802 的基本操作界面

（3）PLC 子程序库（如图 4-14）

PLC 子程序库包含了一个说明文件和四个 PLC 项目文件：

● 铣床实例程序

● 车床实例程序

● 机床面板仿真程序

● 子程序库（无主程序 OB1 的 PLC 程序）

● PLC 子程序库的进入：

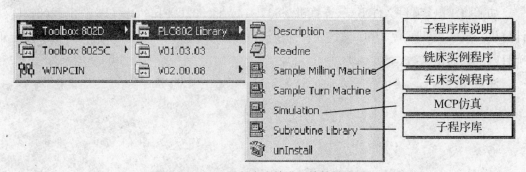

图 4-14　PLC 子程序库的进入快捷键说明

（4）PLC 用户程序的调试步骤

首先利用准备好的"802D 调试电缆"将计算机和 802D 的 COM1 连接起来。

注意：带电连接 RS-232 通讯电缆有可能损坏通讯接口！

1）802D 必须进入联机方式：系统→PLC→STEP7 连接→设定通讯参数→选择"连接开启"；

2）启动 PLC 编辑工具，进入通讯画面，设定通讯参数；

3）首先要拥有一个编译无误的 PLC 应用程序，然后才能利用 PLC 编程工具软件将该应用程序下载到 802D 中；下载成功后，需要启动 PLC 应用程序；可利用监控梯形图的状态；（不包括局部变量 L 的状态）；可利用监控内部地址的状态；还可利用"交叉引用表"来检查是否有地址冲突；

4）如果 PLC 应用程序是在子程序库基础上建立的，需要在制造商的级别下（口令 EVENING）设定相关的 PLC 机床参数，如 MD14510[16]－机床类型：1 表示车床，2 表示铣床；

5）在调试急停处理子程序时，由于此时驱动器尚未进入正常工作状态，故不能提供"就绪信号"（即电源馈入模块的端子 72 和 73.1 不能闭合），因此急停不能正常退出；

6）可设定 PLC 参数 MD14512[16]Bit0＝1－调试方式，或将端子 72 和 73.1 短接，急停即可正常退出。

注意：在调试完毕后必须将参数 MD14512[16]Bit0＝0，或将端子 72 和 73.1 之间的短接线去掉。

3. 驱动器调试

当 PLC 应用程序正确无误后，即可进入驱动器的调试。调试过程如下：

（1）首先利用准备好的"驱动器调试电缆"将计算机与 611UE 的 X471 连接起来。

注意：带电连接 RS-232 通讯电缆有可能损坏通讯接口！

（2）驱动器上电后，在 611UE 的液晶窗口显示："A1106"——表示驱动器没有数据；R/F红灯亮；总线接口模块上的红灯亮；从 Windows 的"开始"中找到驱动器调试工具 SimoCom U，并启动。

（3）选择联机方式（如图 4-15）

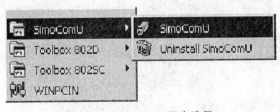

图 4-15　SimoComU 开启路径

（4）配置电机参数（如图 4-16）

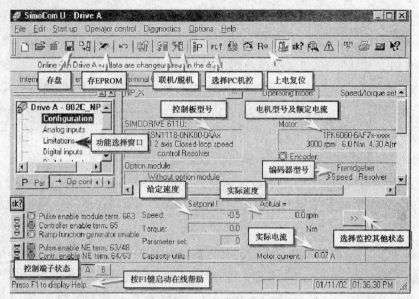

图 4-16 SimoComU 参数设定画面

进入联机画面后，自动进入参数设定画面，可在软件的提示下进行驱动器参数配置：

1）命名轴名：例如：CJK6132_X

2）输入 PROFIBUS 总线地址

3）设定电机型号

4）电机测量元件的设定

5）直接测量系统的设定

6）存储参数

（5）驱动器正确配置完毕后，611UE 的 R/F 红灯灭；液晶窗口显示："A0831"——表示驱动器总线数据通讯生效，但无总线主站（因为 802D 尚未设定参数）。总线接口模块上的红灯亮。

（6）若 PLC 控制电源模块的端子 48、63、64 分别与端子 9 接通，电源模块的黄灯亮，表示电源模块已使能。

注意：只有在 NC 的"总线配置"、"驱动器模块定位"和"位置控制使能"三组参数调试完毕后，电源模块的"就绪"信号（内部继电器触点：端子 73.1 与 72）才能闭合。另外 611UE 速度控制器的参数优化也要在电源模块的"就绪"信号生效后方可进行。

4. NC 调试

重要事项：NC 的调试必须在制造商口令（"EVENING"）下进行。

NC 参数的生效条件：PO—上电生效（Power On）

RE—复位生效（REset）

CF—刷新键生效（ConFig）

IM—立即生效（IMediate）

（1）总线配置

SINUMERIK 802D 是通过现场总线 PROFIBUS 对外设模块（如驱动器和输入输出模块等），PROFIBUS 的配置是通过通用参数 MD11240 来确定的。

表 4-13

数据号	数据名	单位	值	数据说明
11240	PROFIBUS_SDB_NUMBER	—	*	选择总线配置数据块 SDB

目前可提供的总线配置有：

MD 11240＝0 - PP72/48 模块:1＋1,驱动器:无;（出厂设定）

MD 11240＝3 - PP72/48 模块:1＋1,驱动器:双轴＋单轴＋单轴;

MD 11240＝4 - PP72/48 模块:1＋1,驱动器:双轴＋双轴＋单轴;

MD 11240＝5 - PP72/48 模块:1＋1,驱动器:单轴＋双轴＋单轴＋单轴;

MD 11240＝6 - PP72/48 模块:1＋1,驱动器:单轴＋单轴＋单轴＋单轴;

该参数生效后,611UE 液晶窗口显示的驱动报警应为:A832（总线无同步）;611UE 总线接口插件上的指示灯变为绿色。若该指示灯仍为红色,请检查总线的连接。

（2）驱动器模块定位

数控系统与驱动器之间通过总线连接,系统根据下列参数与驱动器建立物理联系：

表 4-14

数据号	数据名	单位	值	数据说明
30110	CTRLOUT_MODULE_NR(0)	—	*	定义速度给定端口（轴号）
30220	ENC_MODULE_ NR(0)	—	*	定义位置反馈端口（轴号）

参数的设定请参见表 4-15：

表 4-15

MD11240＝3			MD11240＝4			MD11240＝5			MD11240＝6		
611UE	地址	轴号	611UE	地址	轴号	611UE	地址	轴号	611UE	地址	轴号
双轴 A	12	1	双轴 A	12	1	单轴	20	1	单轴	20	1
双轴 B	12	2	双轴 B	12	2	单轴	21	2	单轴	21	2
单轴	10	5	双轴 A	13	3	双轴 A	13	3	单轴	22	3
单轴	11	6	双轴 B	13	4	双轴 B	13	4	单轴	10	5
			单轴	10	5	单轴	10	5			

（3）位置控制使能

系统出厂设定各轴均为仿真轴,即系统不产生指令输出给驱动器,也不读电机的位置信号。按下表设定参数可激活该轴的位置控制器,使坐标轴进入正常工作状态。

表 4-16

数据号	数据名	单位	值	数据说明
30130	CTRLOUT_TYPE	—	1	控制给定输出类型
30240	ENC_TYPE	—	1	编码器反馈类型

该参数生效后,611UE 液晶窗口显示:"RUN"。这时通过点动可使伺服电机运动;此时如果该坐标轴的运动方向与机床定义的运动方向不一致,则可通过以下参数修改:

表 4-17

数据号	数据名	单位	值	数据说明
32100	AX_MOTION_DIR	—	1	电机正转(出厂设定)
			—1	电机反转

（4）设定 MD14510 和 MD14512

表 4-18

MD14510		
位	值	定义
16	1/2	机床类型:0 无定义;1 车床;2 铣床;>2 无定义
20	4	刀架到位数:4、6、8
21	3	换刀监控时间(如果在监控时间内没有找到目标刀位,换刀结束) ms
22	1	刀架锁紧时间 ms
23	2	主轴制动时间(接触器控制的主轴) ms
24	5	导轨润滑间隔 min
25	10	导轨润滑时间 ms
28	17	+X 点动键位置
29	0/18	+Y 点动键位置
30	21	+Z 点动键位置

MD14512							
MD14512			USER_DATA_HEX				
机床数据			PLC 机床数据—2 位十六进制数(8 位二进制数)				
index	Bit7	Bit6	Bit5	Bit4	Bit3	Bit2	Bit1	Bit0
14512[16]				主轴配置				
				手动键保持方式	带有倍率开关	外部停止信号	使能自动取消	调试过程中

14512[17]	带制动装置的坐标轴			返回参考点时倍率开关对下列轴无效			
	Z 轴	Y 轴	X 轴	4th 轴	Z 轴	Y 轴	X 轴
14512[18]	定义硬限位控制逻辑				技术设定		
	超程链生效	Z 轴单限位开关	Y 轴单限位开关	X 轴单限位开关	K1 作为驱动使能	上电自动润滑一次	优化开关生效
位	十六进制值	二进制值					
16	8H	0000 1000					
17	0/40H	0100 0000					
18	8H	0000 1000					

（5）驱动器参数优化（速度环和电流环参数）

对于伺服系统，首先要对速度环的动态特性进行调试，然后才能对位置环进行调试。速度环动态特性优化是通过 SimoComU 进行的。

1）首先利用准备好的"驱动器调试电缆"将计算机与 611UE 的 X471 连接起来。

2）如果对带制动的电机进行优化，需要设定 NC 通用参数 MD14512[18]的第 1 位为"1"（优化完毕后恢复"0"）。

3）驱动器使能（电源模块端子 T48、T63 和 T64 与 T9 接通）；并将坐标移动到适中的位置（因为优化时电机要转大约两个转）；优化时驱动器的速度给定由 PC 机以数字量给出。

4）然后进入工具软件 SimoComU；且选择联机方式；然后选择 PC 机控制，选择"OK"（如图 4-17）。

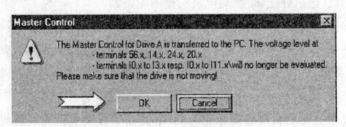

图 4-17　SimoComU 联机方式选择

5）进入控制器目录（Controller），出现以下画面：选择 "None of these"。

6）接着将出现以下画面（如图 4-18）。

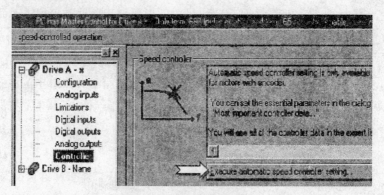

图 4-18 控制器优化画面

选择运行自动速度控制器优化"Execute automatic speed controller setting"。

7) 进入优化后出现以下画面(如图 4-19)。

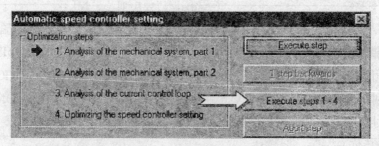

图 4-19 控制器优化选项

选择"1～4 步"自动执行优化过程:

● 分析机械特性一(电机正转,带制动电机的抱闸应释放)

● 分析机械特性二(电机反转,带制动电机的抱闸应释放)

● 电流环测试(电机静止,带制动电机的抱闸应夹紧)

● 参数优化计算

注意:执行完第 2 步时,调试工具软件 SimoComU 会出现提示:"电流环优化,垂直轴的电机抱闸一定要夹紧,以防止坐标下滑",此时对于带制动电机的抱闸必须夹紧,否则坐标会下滑。

重要事项:对垂直轴的伺服参数优化时,特别是在该轴没有平衡装置时,一定要注意优化过程中对抱闸释放和加紧的时机,避免出现由于坐标轴滑落导致机械的损坏!

优化结束后,务必退出 PC 机控制方式。

注意:优化的效果与电机和机械传动装置的连接方式有关,刚性连轴方式效果最好。弹性连轴方式,如弹性连轴节,或齿形带,对于滑动导轨的效果的不一定好;齿轮连接方式,由于齿轮之间存在间隙,效果不好。

5. 模拟主轴调试

机床配置:两个进给轴和一个模拟主轴(如变频器),主轴电机与主轴之间非 1∶1 直连,主轴上安装了一个西门子 TTL 增量编码器。

802D 配置：611UE 双轴模块（总线地址：12）用于进给轴；主轴由 A 进给通道携带。

（1）参数设定

总线配置 MD11240＝3 或 4

按正常情况设定主轴数据：

MD30110 & MD30220，MD30130 & MD30240

MD32000 & MD32020 & MD36200 & MD35110 & MD35130 等

（2）系统功能相关的参数设定

表 4-19

数据号	数据名	值	数据说明
13060	DRIVE_TELEGRAM_TYPE[0]	0	总线地址 12 的报文类型
13060	DRIVE_TELEGRAM_TYPE[4]	0	总线地址 10 的报文类型
13070	DRIVE_FUNCTION_MASK[0]	8000	总线地址 12 的功能选项：模拟主轴
30134	IS_UNIPOLAR_OUTPUT[0,AX3]	0	双极性模拟量（出厂设定）
		1	单极性模拟量（使能 & 方向）
		2	单极性模拟量（＋使能 &－使能）
30110	CTRLOUT_MODULE_NR[0,AX3]	1	给定值模块号
30120	CRTLOUT_NR[0,AX3]	2	给定值号端口
30220	ENC_MODULE_NR[0,AX3]	1	编码器模块号
30230	ENC_INPUT_NR[0,AX3]	2	编码器信号端口号
31020	ENC_RESOL[0,AX3]	实际值	TTL 编码器每转脉冲数
32250	RATED_OUTVAL[0,AX3]	100	额定输出值（%）
32260	RATED_VELO[4]	实际值	额定电机转速（对应模拟电压）

重要事项：MD32250 和 MD32260 必须在口令"SUNRISE"下设定。设定完毕后，务必恢复制造商口令"EVENING"。

（3）通过软件进行参数制定

1）利用准备好的"驱动器调试电缆"将计算机与 611UE 的 X471 连接起来。

2）从 Windows 的"开始"中找到驱动器调试工具 SimoCom U，并启动。

3）选择联机方式；进入专家表（Ctrl＋E），配置电机参数（如图 4-20）：

P890＝4 编码器信号源来自 X472 接口。

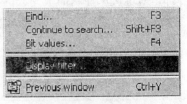

图 4-20 参数设定选择

P922＝104　主轴信号的 PROFIBUS 报文类型。

P1007＝编码器线数　外装编码器每的转脉冲数。应与主轴参数 MD31020 相同。

在 SimoComU 的主画面上选择图标:存储数据,选择图标:上电复位。

4) P922＝0　主轴信号的 PROFIBUS 报文类型

P890＝4　编码器信号源来自 X472 接口。

P915[8]＝50103　总线给定值配置:模拟输出送到 X441 的端子 75. A 和 15。

P915[9]＝50107　总线给定值配置:数字输出送到 X453 的端子 Q0. A 和 Q1. A°。

注意:参数的索引号[8]、[9]需要用鼠标右键激活显示滤波器:在 SimoComU 的主画面上选择图标:存储数据,选择图标:上电复位。

5) P922＝0 主轴信号的 PROFIBUS 报文类型,然后再在 SimoComU 上设定模拟输出和数字量输出,如图 4-21 所示。

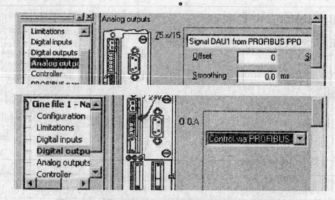

图 4-21　模拟输出和数字量输出端口示意图

在 SimoComU 的主画面上选择图标:存储数据,选择图标:上电复位。

重要事项:对于无直接编码器的模拟主轴,设置方法相同,但主轴的 MD30200＝0。

三、外部控制面板(MCP)主要功能

西门子 802D 数控系统的基本操作功能有:操作方式的选择(手动方式、自动方式、MDA方式、参考点方式)、手动操作、倍率控制、程序启动、程序停止和复位。这些基本的操作功能都是通过机床控制面板完成的,机床面板上的按键通常通过输入输出模块 PP72/48 连接到802D 数控系统。数控系统对基本操作所需控制信号的地址均需要进行定义,如表 4-20 是802D 数控系统机床控制面板 MCP 信号接口的定义,表中的每个信号位对应 MCP 上的一个操作键。

表 4-20　机床控制面板信号接口

地址	机床控制面板的信号							
	Bit 7	Bit 6	Bit 5	Bit 4	Bit 3	Bit 2	Bit 1	Bit 0
10000000	循环停止				请求操作方式			
					单段方式	手动方式	MDA 方式	自动方式
10000001	循环启动	主轴手动			钥匙开关保护级 7	机床功能		
		主轴正转	主轴停止	主轴反转		参考点方式	再定位方式	
10000002	伺服驱动		变增量		钥匙开关保护级 4	机床功能		
	使能	禁止			增量 1000	增量 100	增量 10	增量 1
10000003	复位	钥匙开关		进给倍率(5 位格林码)				
		保护级 6	保护级 5	E	D	C	B	A
10000004	轴点动键		用户自定义键(CK)					
	第 4 轴 —	第 4 轴 +	快速叠加	CK5	CK4	CK3	CK2	CK1
10000005	轻点动键							
	空	CK6	第 3 轴 —	第 3 轴 +	第 2 轴 —	第 2 轴 +	第 1 轴 —	第 1 轴 +
10000008	主轴倍率(5 位格林码)							
	"0"	"0"	"0"	E	D	C	B	A

　　PLC 应用程序从机床控制面板信号接口中读取按键的状态,然后将操作信号送到信号接口对应的位置,数控系统的内核 NCK 根据操作人员发出的指令激活相应的控制功能;同时,NCK 通过接口将系统的实际状态反馈到 PLC 接口。为了使 PLC 应用程序的结构规范化,不论配置什么形式的机床控制面板,只需设计一个 PLC 子程序,将机床控制面板上各按键定义的功能对应送入已经定义的机床控制面板信号接口。这样,与机床功能相关的 PLC 子程序模块就可以设计成功能块,并用于不同型号的机床上,从而可以大大简化机床制造厂多品种产品设计调试的工作量。

1. 进给倍率和主轴倍率

　　为了便于操作者设定工件坐标系原点或者设置刀具参数,在机床控制面板上都设有倍率选择开关,用于进给轴或主轴的速度修调。

　　倍率选择开关通常采用编码式旋转波断开关。进给轴速度的调整范围一般为 0～120%,主轴速度的调整范围为 50%～120%,倍率开关的编码方式有格林码和二进制码。另外,从进给倍率开关的挡位设定上可以看出,在 0～10% 之间,倍率的步距划分得很细,而在 70%～120% 之间的步距为 5%,其目的是便于操作人员在对刀或测量零点发生偏移时,可以对坐标轴的速度进行微小的调整。

　　表 4-21 是进给倍率和主轴倍率的格林码对照表,可以看出,在格林码中没有全"0"的编码。利用格林码的这个特性,可以检测机床面板上的公共电源是否正常,如果 5 位格林码都是"0",说明机床控制面板的公共电源故障,也就是说这时该机床控制面板上的操作功能可能已经失灵。这时应该通过 PLC 应用程序使机床进入紧急状态,如急停或进给保持等。

　　对于机床制造厂自制的操作控制面板,如果使用的倍率开关采用的是二进制编码,在 PLC 应用程序中可以参照表 4-21,将二进制倍率码转换为 5 位格林码,填写到对应的机床控制面板信号接口中。

表 4-21　进给倍率和主轴倍率的格林码对照表

开关挡位	格林码	进给倍率/%	主轴倍率/%
1	00001	0	50
2	00011	1	55
3	00010	2	60
4	00110	4	65
5	00111	6	70
6	00101	8	75
7	00100	10	80
8	01100	20	85
9	01101	30	90
10	01111	40	95
11	01110	50	100
12	01010	60	105
13	01011	70	110
14	01001	75	115
15	01000	80	120
16	11000	85	
17	11001	90	
18	11011	95	
19	11010	100	
20	11110	105	
21	11111	110	
22	11101	115	
23	11100	120	

2. 电子手轮

电子手轮是数控机床特有的一个操作部件,利用电子手轮可以在手动方式下移动坐标轴,进行工件原点和刀具参数的设定。电子手轮每转具有 100 个刻度,每个刻度对应的位移称为手轮增量。增量 1 表示 0.001 mm,增量 10 表示 0.01 mm,增量 100 表示 0.1 mm,有的数控系统可以选择增量 1000 表示 1.0 mm,或者操作人员可自行设定可变增量。

电子手轮既可以在机床坐标系中生效,也可以在工件坐标系中生效。在机床坐标系下,利用电子手轮移动坐标轴时,只有被选中的坐标轴才能移动。当工件坐标系与机床坐标系之间是平移关系时,在这两种坐标系中的手轮操作是完全相同的;但是,当工件坐标系与机床坐标系不但有平移关系,而且还有旋转关系时,利用电子手轮移动工件坐标系下的某一轴,可能导致机床坐标系下的几个轴同时运动。表 4-22 是工件坐标系手轮选择信号接口的定义,表 4-23 是轴手轮选择信号接口的定义。在设计相关 PLC 子程序选择电子手轮控制的坐标轴时,应参考该信号接口。

表 4-22　工件坐标系手轮选择信号接口的定义

3200			送至 NCK 通道信号					
PLC 变量			Interface PLC→NCK (Read/Write)					
Byte	Bit 7	Bit 6	Bit 5	Bit 4	Bit 3	Bit 2	Bit 1	Bit 0
32001000	工件坐标系 X 轴							
	移动命令＋	移动命令－	快速叠加	移动键禁止	进给保持	激活手轮 3	激活手轮 2	激活手轮 1
32001001	工件坐标系 X 轴的增量选择							
		连续点动	可变增量		增量 1000	增量 100	增量 10	增量 1
32001004	工件坐标系 Y 轴							
	移动命令＋	移动命令－	快速叠加	移动键禁止	进给保持	激活手轮 3	激活手轮 2	激活手轮 1
32001005	工件坐标系 Y 轴的增量选择							
		连续点动	可变增量		增量 1000	增量 100	增量 10	增量 1
32001008	工件坐标系 Z 轴							
	移动命令＋	移动命令－	快速叠加	移动键禁止	进给保持	激活手轮 3	激活手轮 2	激活手轮 1
32001009	工件坐标系 Z 轴的增量选择							
		连续点动	可变增量		增量 1000	增量 100	增量 10	增量 1

电子手轮的硬件接口大多采用 RS-422 标准的差分协议。假如电子手轮无效,首先要检查手轮的接线是否正确;如果确认接线无误,则应检查手轮的生效条件。电子手轮的生效条件是将机床坐标系或工件坐标系下的信号接口中的"激活手轮"位设置为"1",同时选择一个手轮增量。需要注意的是轴接口中的手轮选择位和通道接口中的手轮选择位不能同时被置位,也不能同时有两个不同的增量被置位。如果接口信号的设置正确,但手轮仍然不生效,

则应检查该通道信号接口中的复位信号和循环停止信号是否被置位,通道的进给保持信号以及轴接口中的进给保持位是否被置位。有些机床采用手持操作单元,手持操作单元是一个可移动的机床控制面板。手持操作单元上一般配有电子手轮、轴选择开关和增量选择开关、急停按钮、轴的点动按钮等,有些还有位置显示器。

表 4-23 轴手轮选择信号接口的定义

3800...3804			送至 NCK 通道信号					
PLC 变量			Interface PLC→NCK（Read/Write）					
Byte	Bit 7	Bit 6	Bit 5	Bit 4	Bit 3	Bit 2	Bit 1	Bit 0
380x0004	移动键		快速叠加	移动键禁止	进给保持	激活手轮		
	+	−				3	2	1
380x0005	增量选择							
		连续点动	可变增量		增量 1000	增量 100	增量 10	增量 1

3. 进给轴的手动控制

数控系统在手动方式下不仅可以通过电子手轮移动坐标轴,而且可以通过机床控制面板上的点动键移动坐标轴。采用手动方式移动坐标轴时,可以采用连续点动方式,也可以采用增量点动方式。在连续点动方式下,按住某坐标轴在机床面板上的正方向或负方向键,这时坐标轴就按照所需的方向移动,直到松开方向键后,坐标轴的运动也随即停止。在点动过程中,数控系统屏幕上的坐标轴名前面会出现"＋"号或"－"号,该符号应该与点动方向键上的符号相同;否则,说明 PLC 应用程序中对点动方向的控制错误,这时可以通过修改 PLC 程序或者相关的参数来实现正确的点动方向控制。另外,在按下点动方向键的同时,按下快速叠加键,坐标轴可实现快速进给。

机床坐标的运动方向是根据机床的结构来确定的。对于平床身车床、斜床身车床、立式铣床、卧式铣床、升降台铣床等,坐标轴的运动方向定义是不同的。因此,在机床控制面板上点动按键的布局也是不同的。

要注意,增量点动与电子手轮的操作效果是有区别的。选择一个相同的增量,对于增量点动方式,不论点动键按下多长时间,坐标轴只移动一个增量对应的距离。假如在没有移动完一个增量时松开点动键,坐标的移动也随即停止;而电子手轮只能产生脉冲,不能产生连续的移动指令,因此在利用手轮增量点动时,手轮生成的一个脉冲对应一个增量位移。正是由于采用手轮增量点动时,手轮产生的一个脉冲会使坐标轴完成一个增量的位移,从安全的角度考虑,在手轮操作时应尽可能避免选择过大的增量。数控系统的默认参数规定,对大于 1000 的增量自动加权,就是说对于选择增量 1000,一个手轮脉冲的实际位移只有大约 0.7 mm。当然,可以通过数控系统的参数设置关闭手轮增量的加权,这时数控系统可以按照实际选择的增量移动坐标轴,即选择了增量 1000,电子手轮的一个脉冲可以使坐标轴移动

1 mm。但是在设计数控机床的操作功能时,应尽可能避免选择大于或等于 1000 的增量。如果设计了大增量,必须在机床操作说明书中强调注意操作安全。

评分标准

表 4-24

组别: 考件号: 考核日期: 年 月 日

序号	项目名称	配分	得分	备注
1	基本操作	80		
2	现场考核	20		
合计		100		

考试时间:45 分钟

表 4-25 基本操作评分记录表

序号	考核内容	考核要求	配分	实测	得分
1	项目准备	缺一项扣 1 分	5		
2	系统初始化	酌情扣分	5		
3	PLC 调试	不符不得分	10		
4	驱动器调试	缺一项扣 5 分	25		
5	NC 调试	缺一项扣 5 分	25		
6	模拟主轴调试	不符不得分	10		
合计			80		

考评员: 年 月 日

表-26 现场考核情况评分记录表

序号	考核内容	考核要求	配分	评分标准	得分
1	安全文明	正确执行安全技术操作规程,操作规范	10	造成重大事故,考核全程否定	
2	设备使用	机床使用合理,开关机正常	5	违规扣 3~5 分	
3	辅助工具使用	正确使用辅助工具及设备	5	违规扣 3~5 分	
合计			20		

课题四　SINUMERIK 802D SoLution Line 开机调试

任务引入

完成 SINUMERIK 802D SoLution Line 的开机调试,主要内容包括:系统初始化、PLC调试、驱动器调试、NC 调试、模拟主轴调试。

任务分析

本课题可以分为以下几步来进行,课题计划方案见下表:

表 4-27

步骤	项目方案	检测要求
1	初始化文件的安装	数据包装入,并检测到数据
2	标准梯形图的安装	系统检测,出现报警
3	NC 调试	系统及电机能正常运行

任务实施

一、任务准备

1. 通电前检查

(1) 检查 24V DC 回路有无短路;

(2) 如果使用两个 24V DC 电源,检查两个电源的"0"V 是否连通;

(3) 检查驱动器进线电源模块和电机模块的 24V 直流电源跨接桥是否可靠连接;

(4) 检查驱动器进线电源模块和电机模块的直流母线是否可靠连接(直流母线上的所有螺钉必须牢固旋紧);

(5) 检查 DRIVE CLiQ 电缆是否正确连接;

(6) 检查 PROFIBUS 电缆是否正确连接,终端电阻的设定是否正确。

2. 第一次通电

如果通电前检查无误,则可以给系统加电。合上系统的主电源开关,802D SL 的PCU210.3、PP72/48,以及驱动器均通电。

(1) PP72/48 上标有"POWER" 和"EXCHANGE" 的两个绿灯亮——表示 PP72/48 模块就绪,且有总线数据交换。

注意：如果"EXCHANGE"绿灯没有亮，则说明总线连接有问题。

（2）802D SL 进入主画面 这时进入 802D SL 的系统画面，找到 PLC 状态表。在状态表上应该能够看到所有输入信号的状态（如操作面板上的按键状态，行程开关的通断状态等）。

注意：如果看不到输入信号的状态，请检查总线连接或输入信号的公共端。

（3）驱动器的电源模块和电机模块上的指示灯：

READY：桔色——正常，表示驱动器未设置；红色——故障。

DC Link：桔色——正常；红色——进线电源故障。

若无指示灯亮，则表示无外部 24V DC 供电。

二、实施步骤

1. 系统初始化

802D SL 通电后，首先应该进行系统初始化，根据系统类型和工艺要求安装初始化文件。以上所述操作可通过 RCS 802 工具进行，也可通过 CF 卡进行。

（1）RSC 802 软件项目工程的建立

RCS 802 工具可用于 802D SL 系统的 NC 调试等：

- 传输报警文本
- 所有数据的备份及恢复
- 以太网功能

在使用 RCS 802 工具之前，首先应对软件进行相应项目工程的设定：

1）控制器选择、版本选择、项目设定

第一步：从 Windows 的"开始"中找到 RCS 802，并启动。

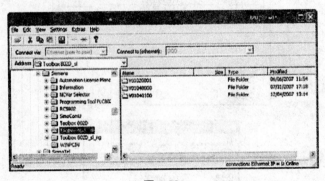

图 4-22

第二步：选择系统对应的版本并创建项目（用于项目管理），选择［Settings］→［Toolbox］→［Select Version And Project］。

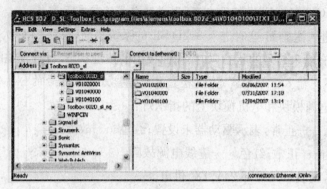

图 4-23

第三步：正确选择版本，然后选择[Project]。

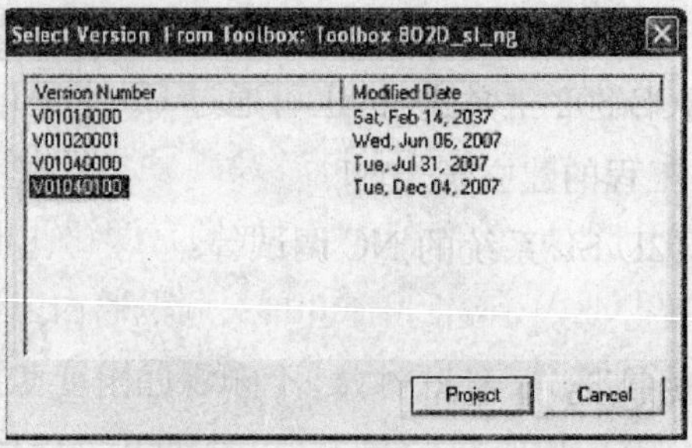

图 4-24

第四步：通过[Remove]、[Modify]、[New]正确创建或修改项目。

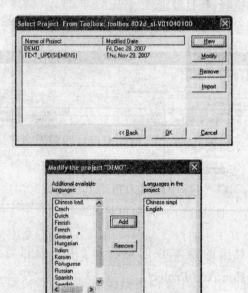

图 4-25

2) 以太网设定

第一步:选择[Settings]→[Connection]。

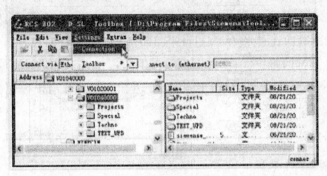

图 4-26

第二步:选择[Via Ethernet(peer to peer)],通过以太网进行连接。选择[OK]进行确认。

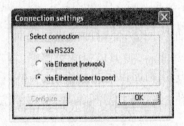

图 4-27

第三步:通讯接口设定对应802D SL系统端也应作相应的设定:选择系统[维修信息]→[系统通讯],然后激活[直接连接]。

图 4-28

第四步:RCS 802和802D SL在线连接选择[Extras]→[Connect],然后选择[OK],进行连接。

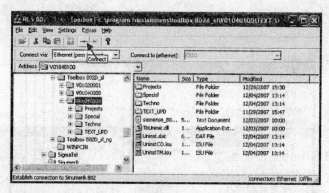

图 4-29

第五步：选择[OK]进行确认。（RCS 802 和 802D SL 在线连接后，便可进行报警文本安装等操作。）

（2）系统初始化操作步骤（以 802D SL Pro 铣床为例）

为了简化 802D SL 数控系统的调试，在 802D SL 的工具盒中提供了车床、铣床等的初始化文件。初始化的方法是利用工具软件 RCS 802 或 CF 卡将所需的初始化文件传入 802D SL系统。

1）从 Windows 的"开始"中找到通讯工具软件 RCS 802，启动并建立在线连接。

2）利用 RCS 浏览器（如图 4-30）在计算机上找到初始化文件，利用鼠标右键选择 Copy 或 Ctrl＋C。

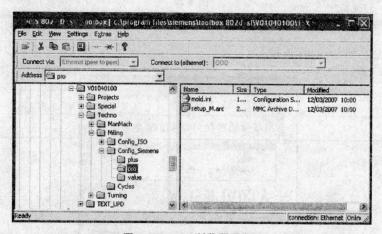

图 4-30　RCS 浏览器界面

3）在"Control 802D"中选择"Start-up archive（NC/PLC）"，用鼠标右键选 Paste 或 Ctrl＋V 复制该文件。

4）NC 断电、上电后初始化文件生效。

重要事项：初始化不仅对系统的坐标进行配置，还对车床和铣床的工艺参数进行了配置，而且安装了车床或铣床的加工工艺循环。

（3）工艺初始化文件

1）\\安装目录\V01040100\Techno\...，此目录下有车床、铣床的 Value、Plus、Pro 的初始化文件；

2）\\安装目录\V01040100\Techno\Milling\Config_Siemens\pro\ setup_M. arc，Pro铣床初始化文件；

3）\\安装目录\V01040100\Techno\Turning\Config_Siemens\pro\ setup_T. arc，Pro车床初始化文件。

2. PLC 调试

在 802D SL 的各个部件正确连接后，首先应设计并调试 PLC 的控制逻辑。至关重要的是必须在所有有关 PLC 的安全功能全部准确无误后，才能开始调试驱动器和 802D SL参数。

注意：出于安全原因，请对所使用的子程序库中的子程序进行全面测试，确保子程序的功能在与程序联在一起后正确无误！

（1）PLC 用户安装程序的装入

1）首选利用准备好的"直连网线"将计算机和 802D SL 的 X5.连接起来；

2）启动 PLC 编程工具，进入通讯界面，设定以太网参数，802D SL 默认地址为 169.254.11.22.

3）首先要拥有一个编译无误的 PLC 应用程序，然后才能利用 PLC 编程工具软件将该应用程序下载到 802D 中；下载成功后，需要启动 PLC 应用程序；可利用监控梯形图的状态（不包括局部变量 L 的状态）；可利用监控内部地址的状态；还可利用"交叉引用表"来检查是否有地址冲突；

4）如果 PLC 应用程序是在子程序库基础上建立的，需要在制造商的级别下（口令EVENING）设定相关的 PLC 机床参数，如 MD14510[16]－机床类型：1 表示车床，2 表示铣床。

注意：在利用西门子机床控制面板时，PLC 程序中对于手动增量功能选择的编程应注意。不论是增量点动还是连续点动，都必须通过信号接口选择。

（2）PLC 用户报警文本的装入

用户报警文本是用户处理报警的重要信息。在 802D SL 的工具盒中提供了报警文本的制作工具，报警文本工具集成于 RCS 802 中。制作报警文本的过程如下：

1）首先利用准备好的"802D SL 调试网线"将计算机和 802D SL 的 X5 连接起来；从Windows 的"开始"中找到 RCS 802，并建立在线连接；

2）把标准"alcu. txt"文件替代\\安装目录\\项目工程文件夹中的"alcu. txt"文件；

3）选择[Extras] →[Toolbox Manager] →[Select OEM] →按"↓载入键"；

4）选择"Chinese"→"alcu. txt"→[READ]；

5）选择"Read"，将报价文本传入系统（如图 4-31）。

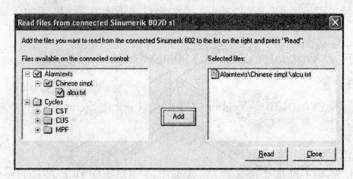

图 4-31　传输界面

3. 驱动器调试

当 PLC 应用程序正确无误后，即可进入驱动器的调试。驱动器调试步骤是：

· 装载 SINAMICS Firmware——确保驱动器各部件具有相同的固件版本。

· 装载驱动出厂设置——激活各驱动部件的出厂参数。

· 拓普识别和确认（快速开机调试）——读出驱动器连接的拓扑结构以及实际电机的控制参数，设定拓扑结构比较等级。

802D SL 为简化驱动器 SINAMICS S120 调试，专门设计了驱动调试向导，通过调试向导，可轻松实现驱动的调试（如图 4-32）。

图 4-32　调试向导界面

注意：在启动驱动调试向导进行驱动调试之前，必须断掉驱动器的所有使能；对于带 ALM 的驱动器，建议断掉驱动器的主电源。

（1）驱动器固件升级

除不带 Drive CliQ 接口的电源模块外,SINAMICS 部件内部均具有固化软件,简称固件;为保证驱动器与数控系统软件的匹配,首先需要对驱动器的固件进行装载,在硬件未更换的情况下,固件装载执行一次即可,如果更换了新的硬件,需重新执行固件装载。

1) 进入系统画面[SHIFT]+[ALARM],进入[机床参数]→[驱动器数据]→选择[SINAMICS_IBN]。

2) 选择 [装载 SINAMICS Firmware]→[打开]。

3) 选择 [全部组件]→[启动]。

4) 驱动器进线电源模块和电机模块上指示灯 READY 以 2 Hz 的频率,绿/红交替显示,表示固件升级在进行中,升级过程在系统上也有状态指示。

注意:在升级过程中系统和驱动不能断电!

5) 当系统出现提示:"成功结束装载,该过程后必须进行 SINAMICS Power Off/On";表示驱动器固件升级完成;802D SL 及驱动器断电,再上电。

(2) 驱动器初始化

1) 进入驱动调试向导[SINAMICS_IBN]→选择[装载驱动出厂设置]→[打开]。

2) 选择 [全部组件]→激活[启动]。

3) 在执行过程中,系统上有状态指示。

4) 当系统提示:"组件已设为出厂设置",表示驱动器初始化完成。

(3) 驱动器的自动配置

1) 进入驱动调试向导[SINAMICS_IBN]→选择[拓扑识别和确认(快速开机调试)]→[打开]。

2) 激活[启动]。

3) 在执行过程中,系统上有状态指示。

4) 当系统上提示:"该过程后必须进行 SINAMICS Power Off/On",表示驱动配置完成;802D SL 及驱动器断电,再上电。

注意:驱动器总线 DRIVE CLiQ 的正确连接是读取配置拓扑结构的基本保证!

(4) 设置 SINAMICS 拓扑结构比较等级

驱动调试结束后,应将拓扑结构比较等级设为最低,否则在驱动部件更换后,系统会提示:拓扑结构比较错误。

1) 找到驱动器 CU_I 参数 P9,输入 1;参数 P9906,输入 3;参数 P9,输入 0。

2) 找到驱动器参数 P977,输入 1 - 存储数据;观察驱动器参数 P977;当 P977 由 1→0 表示数据存储完成;或者,选择 "保存参数"软键来存储驱动数据。

3) 802D SL 及驱动器断电,再上电。

(5) 配置-功率部件、编码器和电机

1) 进入驱动调试向导[SINAMICS_IBN]→选择[组件配置-功率部件和电机]→[打开]。

2) 画面描述了电机和对应电机模块的信息;选择[驱动器＋]或[驱动器－]可在不同轴之间进行切换;在此画面中也可对不带 Drive CliQ 接口的非标准电机进行配置,输入相应的参数后,选择[存储];选择[电机数据],可显示关于电机的更详细的信息。

3) 画面显示了电机的详细信息。

4) 画面描述了电机和对应编码器的信息;在此画面中也可对轴的第二编码器配置。

4. NC 调试

重要事项:

NC 的调试必须在制造商口令("EVENING")下进行。

NC 参数的生效条件:PO——上电生效(Power On)

RE——复位生效(REset)

CF——刷新键生效(ConFig)

IM——立即生效(IMediate)

(1) 总线配置

SINUMERIK802D SL 是通过现场总线 PROFIBUS 对外设模块(如驱动器和输入输出模块等),PROFIBUS 的配置是通过通用参数 MD11240 来确定的,对于 802D SL T/M V1.4,MD11240 默认值即可,不需修改。

表 4-28

数据号	数据名	单位	值	数据说明
11240	PROFIBUS_SDB_NUMBER[0]	—	0	选择总线配置数据块 SDB
11240	PROFIBUS_SDB_NUMBER[1]	—	－1	选择总线配置数据块 SDB
11240	PROFIBUS_SDB_NUMBER[2]	—	0	选择总线配置数据块 SDB
11240	PROFIBUS_SDB_NUMBER[3]	—	－1	选择总线配置数据块 SDB

(2) 驱动器模块定位

数控系统与驱动器之间通过总线连接,系统根据下列参数与驱动器建立物理联系:

表 4-29

数据号	数据名	单位	值	数据说明
30110	CTRLOUT_MODULE_NR(0)	—	*	定义速度给定端口(轴号)
30220	ENC_MODULE_NR(0)	—	*	定义位置反馈端口(轴号)

注意:轴号以驱动总线 DRIVE CLiQ 的连接次序相关:

(1) 对于配置非调节电源模块 SLM 和 AC/AC 模块式驱动器组成的系统,由 802D SL 驱动接口 X1 连接到的第一个电机模块的轴号为 1,且以此类推;

(2) 对于配置调节电源模块 ALM,802D SL 驱动接口 X1 连接到电源模块 ALM 的 X200,由 ALM 的 X201 引出的驱动总线连接到的第一个电机模块的轴号为 1,且以此类推。

（3）位置控制使能

系统出厂设定各轴均为仿真轴，系统既不产生指令输出给驱动器，也不读电机的位置信号。按表 4-30 设定参数可激活该轴的位置控制器，使坐标轴进入正常工作状态。

表 4-30

数据号	数据名	单位	值	数据说明
30130	CTRLOUT_TYPE	—	1	控制给定输出类型
30240	ENC_TYPE	—	1	编码器反馈类型
32100	AX_MOTION_DIR	—	1	电机正转（出厂设定）
			−1	电机反转

此时如果该坐标轴的运动方向与机床定义的运动方向不一致，则可通过以下参数修改：

（4）设定 MD14510 和 MD14512

表 4-31

MD14510			
位	值	定义	
16	1/2	机床类型:0 无定义;1 车床;2 铣床;>2 无定义	
20	4	刀架到位数:4、6、8	
21	3	换刀监控时间(如果在监控时间内没有找到目标刀位,换刀结束) ms	
22	1	刀架锁紧时间 ms	
23	2	主轴制动时间(接触器控制的主轴) ms	
24	5	导轨润滑间隔 min	
25	10	导轨润滑时间 ms	
28	17	+X 点动键位置	
29	0/18	+Y 点动键位置	
30	21	+Z 点动键位置	

MD14512							
MD14512	USER_DATA_HEX						
机床数据	PLC 机床数据—2 位十六进制数(8 位二进制数)						
index	Bit7	Bit6	Bit5	Bit4	Bit3	Bit2	Bit1	Bit0
14512[16]				主轴配置				
				手动键保持方式	带有倍率开关	外部停止信号	使能自动取消	调试过程中

14512[17]	带制动装置的坐标轴			返回参考点时倍率开关对下列轴无效			
	Z 轴	Y 轴	X 轴	4th轴	Z 轴	Y 轴	X 轴
14512[18]	定义硬限位控制逻辑				技术设定		
	超程链生效	Z轴单限位开关	Y轴单限位开关	X轴单限位开关	K1 作为驱动使能	上电自动润滑一次	优化开关生效
位	十六进制值	二进制值					
16	8H	0000 1000					
17	0/40H	0100 0000					
18	8H	0000 1000					

5. 模拟主轴调试

（1）带主轴实际值编码器的模拟量主轴

硬件前提条件：必须存在 MCPA 模块表格，用于模拟量主轴的机床数据设置。因为 MCPA 模块没有编码器连接，所以只有被用作 SINAMICS 轴的第 2 编码器时才能使用该编码器。SINAMICS 中的这个第 2 编码器必须设计成被包含在电文之中并借此可供控制系统使用。

表 4-32

机床数据	数据名	值	说明
MD30100	CTRLOUT_SEGMENT_NR	0	局部段地址分配（机载）
MD30110	CRTLOUT_MODULE_NR	1	模块号1
MD30120	CTRLOUT_NR	1	输出号1
MD30130	CTRLOUT_TYPE	1	实际标准输出
MD30134	IS_UNIPOLAR_OUTPUT	0	0 双极的；＞0 单级的
MD32250	RATED_OUTVAL	100	100％调节系数（10V）
MD32260	RATED_VELO	3300	影响该转速
MD30230	ENC_INPUT_NR	2	输入号2（第 2 编码器）

（2）无主轴实际值编码器的模拟量主轴

在编码器的模拟量主轴上所适用的机床数据与带直接编码器的模拟量主轴相同，但要将 MD30240 设置为 0。

评分标准

表 4-33

组别:　　　　　　考件号:　　　　　　考核日期:　　　　年　　月　　日

序号	项目名称	配分	得分	备注
1	基本操作	80		
2	现场考核	20		
合计		100		

考试时间:45分钟

表 4-34　基本操作评分记录表

序号	考核内容	考核要求	配分	实测	得分
1	项目准备	缺一项扣1分	5		
2	系统初始化	酌情扣分	5		
3	PLC 调试	不符不得分	10		
4	驱动器调试	缺一项扣5分	25		
5	NC 调试	缺一项扣5分	25		
6	模拟主轴调试	不符不得分	10		
合计			80		

考评员:　　　　　　　　　　　　　　　　　　　　　年　　月　　日

表 4-35　现场考核情况评分记录表

序号	考核内容	考核要求	配分	评分标准	得分
1	安全文明	正确执行安全技术操作规程,操作规范	10	造成重大事故,考核全程否定	
2	设备使用	机床使用合理,开关机正常	5	违规扣3~5分	
3	辅助工具使用	正确使用辅助工具及设备	5	违规扣3~5分	
合计			20		

课题五　反向间隙的测量与设置

任务引入

　　完成反向间隙的测量与设置,主要内容包括:熟练掌握切削反向间隙的测量、熟练掌握快速反向间隙的测量、熟练掌握反向间隙的设置方法。

任务分析

本课题可以分为以下几步来进行,课题计划方案见表4-36:

表4-36

步骤	项目方案	检测要求
1	切削反向间隙的测量	与标准值误差小于60%
2	快速反向间隙的测量	与标准值误差小于60%
3	反向间隙的设置	设置方法正确

任务实施

一、任务准备

千分表、磁性表座及相应数控设备。

二、实施步骤

1. 切削时反向间隙测量

(1) 回参考点。

(2) 用切削进给(G1 X100 F100)使机床移动到测量点。

(3) 安装百分表,将刻度对0(见图4-33)。

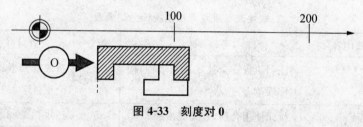

图4-33　刻度对0

(4) 用切削进给(G1 X200 F100),使机床沿相同方向移动(见图4-34)。

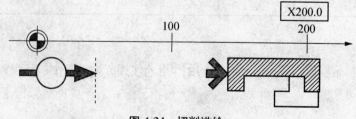

图4-34　切削进给

(5) 用切削进给(G1 X-200 F100)返回测量点。

(6) 读取百分表刻度(见图 4-35)。

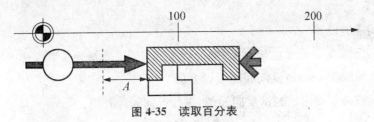

图 4-35 读取百分表

(7) 按测量单位换算切削进给方式的间隙补偿量(A),并设定在对应参数上。

注意: 对于车床直径指定的轴,应注意检测单位与其他轴不同。

补充: 对于 FANUC 系统不但有进给反向间隙的设定,还可以进一步设定快速进给反向间隙。

2. 快速进给时反向间隙测量

(1) 回参考点。

(2) 用快速进给(G0 X100)使机床移动到测量点。

(3) 安装百分表,将刻度对 0(见图 4-36)。

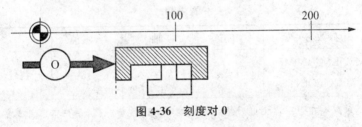

图 4-36 刻度对 0

(4) 用快速进给(G0 X200),使机床沿相同方向移动(见图 4-37)。

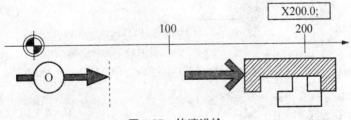

图 4-37 快速进给

(5) 用快速进给(G0 X－200)返回测量点。

(6) 读取百分表刻度(见图 4-38)。

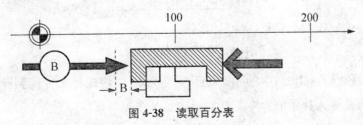

图 4-38 读取百分表

（7）按测量单位换算切削进给方式的间隙补偿量（B），并设定在 FANUC PRM1852 参数上。

3. 反向间隙的设置

说明：西门子系统仅需考虑切削反向间隙设定，发那科系统两者都要考虑。

（1）SINUMERIK 802D 反向间隙设置方法

1）反向间隙补偿设定。测试反向间隙，进行反向间隙补偿。

表 4-37

轴参数号	参数名	单位	轴	参考值	参数定义
32450	BACKLAST	mm	X/Y/Z	0.024	反向间隙

2）滚珠丝杠螺距补偿设定。通过设定丝杠螺距补偿值可以提高机床的加工精度。

举例说明：补偿轴为 Z 轴，补偿起点为 100 mm（绝对坐标）；

补偿终止点 1200 mm（绝对坐标）；

补偿间隔 100 mm。

● 设定参数，确定螺补轴的补偿点数。

表 4-38

轴参数号	参数名	单位	轴	参考值	参数定义
38000	MM_ENC_COMP _MAX_POINTS	—	X/Y/Z	13	每轴螺距补偿点数

警告：该参数设定后系统在下一次上电时将对系统内存进行重新分配，用户信息如零件程序、固定循环和刀具参数等会被清除，所以在设定该参数之前应将用户信息下载到计算机中。

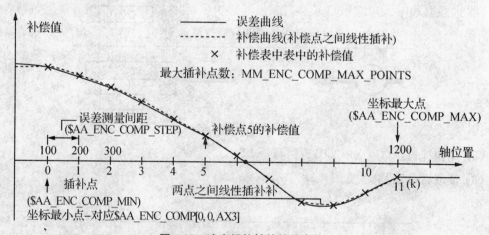

图 4-39　确定螺补轴的补偿点数

● 利用工具盒（Toolbox）中的 WINPCIN 通讯软件，将螺补文件读到计算机中。下面可以采用两种方法输入补偿值。

方法一:把螺距补偿数组传入计算机;在计算机上编辑该文件,将测量到的误差值写入数组中的对应位置;把文件从计算机传入数控系统。

方法二:把螺距补偿数组传入计算机;在计算机上编辑该文件,改变文件头,使其成为加工程序,然后把文件从计算机传入数控系统;利用数控系统的编辑功能在操作面板上输入补偿值;启动运行该程序,则补偿值输入到系统中。

3) 设置参数,激活螺纹补偿功能

表 4-39

轴参数号	参数名	单位	轴	参考值	参数定义
32700	ENC_COMP_ENABLE	—	X/Y/Z	0	无螺补
				1	螺补生效

注意: 当此参数为 1 时,系统内部补偿文件自动进入写护状态。如需要修改补偿值,必须先修改补偿文件,并且先设定此参数为 0 再去修改,最后再把此参数改回 1。

(2) FANUC 0i MC 反向间隙设置方法

1) 反向间隙补偿

表 4-40

序号	参数号	内容
1	1800♯4 RBK	切削进给和快速移动分别进行补偿。0:一起补偿;1:分别补偿
2	1851	各轴反向间隙补偿量
3	1852	各轴快速移动时的反向间隙补偿量

2) 螺距误差补偿。在机械安装时最大可能的调整机床误差后,必须用丝杠螺距误差补偿来弥补机床精度的不足。

查看螺补方法:按"SYSTM"—扩展键—"螺补"。

在此可以看到螺补设定界面,FANUC 0i 共计 1023 个设定值(um),假如机床有三根轴,每根最多可以把轴分为 341 段,并且可以每段设置一个补偿值。引用螺补表相应参数如下:

表 4-41

序号	参数号	内容	参考值
1	3620	各轴参考点的螺距误差补偿号码	X 24 Y 66 Z 120
2	3621	各轴负方向最远端的螺距误差补偿号码	X 0 Y 50 Z 100

续表

序号	参数号	内容	参考值
3	2622	各轴正方向最远端的螺距误差补偿号码	X 25 Y 67 Z 121
4	3623	各轴螺距误差补偿倍率	X 1 Y 1 Z 1
5	3624	各轴螺距误差补偿间距(um)	X 25000 Y 25000 Z 25000

下面以三轴加工中心补偿值举例说明：

X 轴分配为 NO 0～NO25；(26 个补偿值)

Y 轴分配为 NO 50～NO67；(18 个补偿值)

Z 轴分配为 NO100～NO121；(22 个补偿值)

设定如表 4-41 所示。

工作台尺寸：$X = 25 \times 26 = 650$ mm

$Y = 25 \times 18 = 450$ mm

$Z = 25 \times 22 = 550$ mm

螺补表 NO.0 $= -1$ 表示：X 轴负方向最远端螺距误差为 -0.001 mm。

评分标准

表 4-42

组别：   考件号：   考核日期：   年   月   日

序号	项目名称	配分	得分	备注
1	基本操作	80		
2	现场考核	20		
合计		100		

考试时间：45 分钟

表 4-43 基本操作评分记录表

序号	考核内容	考核要求	配分	实测	得分
1	项目准备	缺一项扣 1 分	5		
2	切削反向间隙测量	酌情扣分	25		
3	快速反向间隙测量	不符不得分	25		
4	数据设定	缺一项扣 5 分	25		
合计			80		

考评员：　　　　　　　　　　　　　　　　　　　　　年　　月　　日

表 4-44 现场考核情况评分记录表

序号	考核内容	考核要求	配分	评分标准	得分
1	安全文明	正确执行安全技术操作规程，操作规范	10	造成重大事故，考核全程否定	
2	设备使用	机床使用合理，开关机正常	5	违规扣 3～5 分	
3	辅助工具使用	正确使用辅助工具及设备	5	违规扣 3～5 分	
合计			20		

模块五　数控机床的精度检验

数控机床的加工精度是衡量机床性能的一项重要指标。数控机床的精度包括几何精度、传动精度、定位精度以及工作精度等,不同类型的数控机床对这些方面的要求是不一样的。

数控机床的几何精度、传动精度和定位精度通常是在没有切削载荷以及机床不运动或运动速度较低的情况下检测的,故一般称之为机床的静态精度。静态精度主要决定于数控机床上主要零部件,如主轴及其轴承、丝杠螺母、齿轮以及床身等的制造精度以及它们的装配精度。

静态精度只能在一定程度上反映数控机床的加工精度。数控机床在实际工作状态下,还有一系列因素会影响加工精度。例如,由于切削力、夹紧力的作用,数控机床的零部件会产生弹性变形;在数控机床内部热源(如电动机、液压传动装置的发热,轴承、齿轮等零件的摩擦发热等)以及环境温度变化的影响下,数控机床零、部件将产生热变形;由于切削力和运动速度的影响,数控机床会产生振动,机床运动部件以工作速度运动时,由于相对滑动面之间的油膜以及其他因素的影响,其运动精度也与低速下测得的精度不同,所有这些都将引起数控机床精度的变化,影响工件的加工精度。数控机床在外载荷、温升及振动等工作状态作用下的精度,称为数控机床的动态精度。动态精度除与静态精度有密切关系外,还在很大程度上决定于数控机床的刚度、抗振性和热稳定性等。目前,生产中一般是通过切削加工出的工件精度来考核数控机床的综合动态精度,称为机床的工作精度。工作精度是各种因素对加工精度影响的综合反映。

数控机床的精度检测和验收工作是一项极其复杂的工作,对试验检测手段及技术的要求比较高,需要使用各种高精度仪器对机床的机、电、液、气等部分及整机进行综合性能和单项性能的检测,包括进行刚度和热变形等一系列机床试验,最后得出该机床的综合评价。目前这项工作在国内还须由国家指定的几个机床检测中心进行检测,才能得出权威性的结论意见。因此,这一类验收工作只适用于各种机床的样机和行业产品评比检验。对于一般的数控机床用户,其验收工作要根据机床厂出厂检验合格证书上规定的验收条件及实际能提供的检验手段来部分或全部地测定机床合格证上的各项技术指标。如果各项数据都符合要求,用户应将此数据列入该设备的进厂原始技术档案中,以作为日后维修时的技术指标依据。下面介绍用户在机床验收工作中应该做的一些主要工作。

一、数控机床几何精度检测

对数控机床进行几何精度检测可以综合反映该设备的关键机械零部件和组装后的几何

形状误差。数控机床几何精度的检测和普通机床的几何精度检测基本相同,使用的检测工具和方法也很相似,但是检测要求更高。以下列出一台普通立式加工中心的几何精度检测内容:①工作台面的平面度;②各坐标方向移动的相互垂直度;③X 坐标方向移动时工作台面的平行度;④Y 坐标方向移动时工作台面的平行度;⑤X 坐标方向移动时工作台面 T 形槽侧面的平行度;⑥主轴轴向窜动;⑦主轴孔的径向圆跳动;⑧主轴回转轴心线对工作台面的垂直度;⑨主轴箱沿 Z 坐标方向移动时主轴轴线的平行度;⑩主轴在 Z 坐标方向移动的直线度。

二、数控机床定位精度检测

检查数控机床的定位精度有其特殊的意义,机床定位精度是表明所测量的机床各运动部件在数控装置控制下所能达到的精度。因此,根据实测的一位精度的数值,可以判断出这台机床在以后的自动加工中所能达到的最好加工精度。定位精度检测的主要内容有:①直线运动定位精度(包括 X, Y, Z, U, V, W 轴);②直运动重复定位精度;③直线运动轴机械原点的返回精度;④直线运动失动量的测定;⑤回转运动的定位精度(转台 A, B, C 轴);⑥回转运动的重复定位精度;⑦回转原点的回精度;⑧回转轴运动的失动量的测定。

测量直线运动的检测工具有:测微仪和成组块规,标准长度刻线尺和光学读数显微镜及双频激光干涉仪等。标准长度测量以双频激光干涉仪为准。回转运动检测工具有:齿精确分度的标准转台或角度多面体、高精度圆光栅及平行光管等。

三、数控机床工作精度检测

机床工作精度检测实质上是对机床的几何精度与定位精度在切削条件下的一项综合评判。一般说来,进行切削精度检查的加工,可以是单项加工或加工一个标准的综合性试件,目前国内多以单项加工为主。对于加工中心,主要的单项精度有:①镗孔精度;②端面铣刀铣削平面的精度(X—Y 平面);③镗孔的孔距精度和孔径分散度;④直线铣削精度;⑤斜线铣削精度;⑥圆弧铣削精度。对于卧式机床,还有:箱体掉头镗孔同心度;水平转台回转 90 度铣四方加工精度。在一定环境下(温度、湿度、气压),通过三坐标测量仪对试切工件进行工作精度检测。

.本模块可以分解为以下几个课题进行。

表 5-1

课题序号	课题名称
课题一	数控机床定位精度检测
课题二	数控机床工作精度检测

课题一 数控机床定位精度检测

激光的波长是极其稳定的,因此在国际标准中激光干涉仪是唯一公认的进行数控机床定位精度检定的仪器。它可以测量各种规格尺寸的机床,甚至长达几十米的机床,诊断和测量各种几何误差。其精度比传统技术至少高 10 倍以上。激光干涉仪可自动进行数据采集,节省时间,避免操作者误差。它以 PC 机为基础,避免了人工计算,可以即时按国际标准和我国国标进行统计分析。使用激光干涉仪的操作步骤如表 5-2:

表 5-2 激光干涉仪操作步骤

序号	激光干涉仪操作步骤
1	安装及连线
2	粗对准
3	干涉仪精对准并检测精度
4	数据采集,记录数据

按照激光干涉仪操作步骤的要点难点,重新分解课题如表 5-3:

表 5-3

任务号	任务名称
任务 1	激光干涉仪的安装
任务 2	激光干涉仪的粗对准
任务 3	激光干涉仪检测精度
任务 4	激光干涉仪的数据采集和处理

任务 1 激光干涉仪的安装

任务引入

完成激光干涉仪的安装,包括软件安装、硬件安装、电路安装及 XD 传感器无线收发器的安装。

任务分析

完成该任务的步骤为:(1) 安装激光头;(2) 安装传感器;(3) 安装无线收发器;(4) 启动无线收发器;(5) 启动激光头;(6) 打开软件。具体实施方案见表 5-4:

表 5-4

步骤	任务方案
1	安装软件
2	安装激光头、6-D 传感单元、五棱镜、转向镜、球形角反射镜、环境参数传感器和滚摆角参考传感器
3	供电电源电缆、环境传感器电缆、以太网通信电缆、滚摆角参考传感器电缆(选购)以及外部触发器电缆(选购)之间的连接
4	XD 传感器无线收发器的安装

任务实施

一、操作注意事项

为了确保正确安装,减少错误测量的出现,在开始安装前应当注意下述几点:

(1) 对一定类型的测量要考虑激光头和传感元件的恰当布置,下述做法可能会对正确测量有所帮助,即为每一次测量画出组件布置的草图并确认在整个测量过程中,测量部件的移动不会限制各组件的安放位置。

(2) 安装测量中所有必要的组件。为了获得准确的测量结果,有关键组件,例如磁性安装块、安装附件和反射镜,都应该是 API 提供的零件。

(3) 阅读本章从而熟悉各种测量的不同要求。注意,激光头需在系统指示"ready"后继续预热约 30 分钟,才能获得频率稳定的激光。因此,激光头应当在开始安装过程时首先连接好并启动。

警告:在完成本章所述的安装过程中,激光头启动,严禁凝视激光光束。

二、任务准备

表 5-5 列出 6-D 激光测量系统所提供的设备,其编号对应图 5-1 中所示的各个不同硬件。

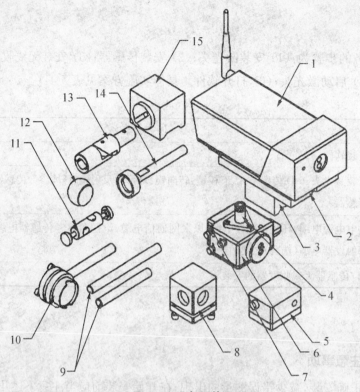

图 5-1　设备组件

表 5-5　系统组件列表

序号	零件号	名称
1		激光头（带有干涉仪）
2		快速调整装置
3		激光头磁性基座
4	LM-SH	传感器支架
5	LM-XD6-RR	滚摆角参考传感器（带电缆）
6	LM-XD5	5-D 传感器
7	LM-XD6-RM	滚摆角测量传感器
8	LM-SQ	五棱镜（选购）
9	LM-OP	光学部件支承杆
10	LM-TM	带支承杆的转向镜
11	LM-CS	带十字交叉孔的支承杆
12	LM-SR	球型角反射镜（选购）
13	LM-MAS	传感器旋转安装适配器

序号	零件号	名称
14	LM-MH	球型角反射镜磁性支承杆(选购)
15	LM-MB	转向镜磁性基座
16	LM-EC	以太网(交叉型)电缆(未图示)
17	LM-CAB	传感单元电缆(12针)1.5m标准长度
18	LM-XD3	三向目标靶(未图示)
19	LM-WS-AP	气压传感器(未图示,通用气象传感接口)
20	LM-WS-MT	材料温度传感器(未图示,通用气象传感接口)
21	LM-WS-AT	空气温度传感器(未图示,通用气象传感接口)
22	LM-WB	传感单元无线收发器的电源(未图示)
23	LM-WBC	带有供电电缆的电源充电器
24	LM-PS	电源/控制盒
25	LM-WM	传感单元无线收发器(未图示)
26	LM-CC	传感单元信号传输电缆(未图示)
27	LM-ET	滚摆角测量传感器
28	LM-MTx	附加的材料温度传感器(未图示,选购)

除表 5-5 所列的零件外,安装时一些标准的装备可能会有用。通常包括标准台架等支承物和手工工具,这些装备对一般安装而言是不需要的,但对某些特殊应用场合是有帮助的。

三、实施步骤

1. 安装软件

XD 激光测量系统带有一个包含操作程序的 CD,软件包含有针对特定系统的校准参数。因此在安装前务必检查软件与光盘上标签中的序列号是否相符,这一点很重要。注:可以通过观察文件:\Program Files\Automated Precision,Inc\APIXD Laser\♯♯♯.cnf 中第 44 行的序列号来确认。要安装程序,首先将 CD 插入光驱,电脑会自动提示进行安装,然后按照屏幕上的提示逐步完成整个安装过程。软件程序将自动载入硬盘,图标位于安装过程中用户指定的程序文件夹中,双击图标可执行程序。

2. 安装硬件

下面介绍用 6-D 传感单元在测量线位移的同时进行直线度和角度参数测量,若只需测量线位移,6-D 传感单元可以用球型角反射镜代替。进行测量时,激光光束必须从干涉仪的下窗口射出并进入 6-D 传感单元的下窗口。光束在传感单元内部被反射并从上窗口射出。此后光束必须进入干涉仪的上窗口。找准过程的目的就是保证在整个测量过程中都能维持这种位置关系。此外还要设法使光束位于光电转换器测量范围的中心位置。用户可以根据每项测量值显示数字的颜色来判断其是否位于有效测量范围内,在有效测量范围内时数字显示为黄色,超过有效范围,数字显示为红色,完全超出测量范围时,将显示"Low Int"(光强过低)。

(1)安装激光头

1)激光头和快速对准装置被组装到磁性基座上以便将其安装到被测设备上。

2)将激光头和固定基座组件放在选定位置,参阅图 5-2。确保这个位置能够使得各个轴的方向上都能有足够的行程进行测量。旋转磁性基座开关到"ON"位置,使激光头组件固定在机床床身或与床身相连的平面上。

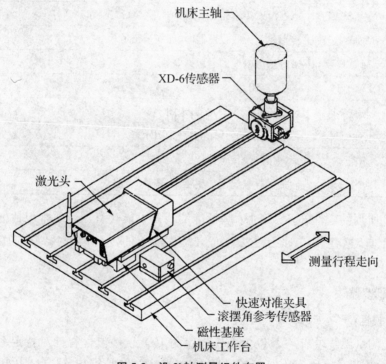

图 5-2 沿 X 轴测量组件布置

3)放置参考水平仪,使其标有特定图形符号的一面朝向 6-D 传感单元上水平仪同样标有图形符号的那一面。

注意:在连接或拆卸任何电缆前,后面板上的电源开关都应放在"OFF"位置并且将交流电源线从插座上断开,否则可能损坏系统。

4)将激光头电源线连接到交流插座上。

警告:完成这一步骤后,将可能出现激光。请不要凝视激光否则可能对眼睛造成永久性损伤。

将后面板上的电源开关置于"ON"位置。需要激光输出时,把光束衰减器滑到开的位置,将一张白纸放置在激光头前几英寸远的地方,这时应能看到一直径约为 1/4 英寸的红点。如果看不到红点,请检查电源和电缆连接情况,请不要直接观察激光头内部的光源。

注意:系统有 25 秒的启动时间,在这期间,请不要执行软件应用程序。

(2) 安装 6-D 传感单元

1) 6-D 传感单元通常是通过一个 3/4 英寸的卡头连接到车床主轴,以保证主轴安装适配器连接牢固。

2) 6-D 传感单元带有一个可旋转的保护盖,旋转盖凹孔内嵌有一个小反射镜可作为对准时目标点,用它可作初步对准。

3) 6-D 主轴安装适配器有两个分开的锁紧螺钉。第一个螺钉是一个定位螺钉,卡在安装轴上的环槽中,这个螺钉可防止传感单元从轴上滑脱同时又允许传感单元在轴上旋转,第二个螺钉用来紧固传感单元。在对准传感单元时,这个螺钉应稍微放松使得传感单元能够转动,调整好后再紧固这个螺钉。

4) 把 6-D 传感单元安装适配器固定到主轴上,并在适当位置锁定主轴。某些机床主轴可能无法牢固锁定,如果用手抓住主轴旋转能转动主轴,则必须将磁性基座安装在与主轴相连但不发生旋转的部件上。将 6-D 传感单元安装到适配器上,并使其上的两个窗口面向激光并平行于激光头上的窗口。通过目测调整传感单元窗口和激光头窗口的高度齐平,从而使这两个部件的下窗口中心连线与 X 轴平行。这些操作应在机床位于最小行程位置时目测调节实现。最好先实际验证一下机床处于最小行程时,激光头和 6-D 传感单元的相对位置关系。这样可以避免二者可能发生的碰撞。转动传感单元的圆形旋转盖,使小反射镜恰好位于旋转中心的正下方。打开激光衰减器,移动主轴使激光束的红点恰好打在旋转盖的小反射镜上。

当沿垂直轴测量时,6-D 传感单元的安装适配器必须旋转到 90°位置并固定到机床主轴上,在适当位置锁定机床主轴。

(3) 安装转向镜

1) 转向镜是用来使光束偏转一定角度,用于下述的一种或多种情况:

① 在测量 X 轴后继续测量 Y 轴或 Z 轴时;

② 把激光头安装到垂直于测量轴的台面边缘,使被测方向上有较大的可用测量行程而不会导致激光头与传感器之间的位置冲突;

③对角线测量。如图 5-3 和图 5-4 所示,激光头位置保持不变,转向镜反射激光光束,使其沿被测轴传播。转向镜组件包括带支承杆的转向镜,带支承杆的磁性基座和带交叉孔的安装块。

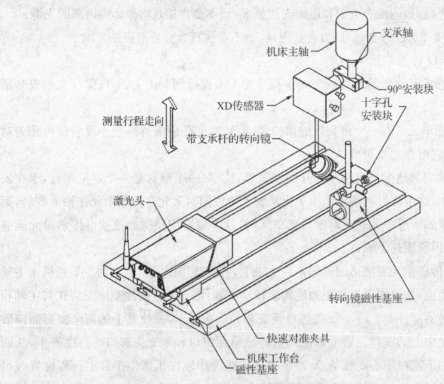

机床主轴

支承轴

XD 传感器

90°安装块

十字孔
安装块

测量行程走向

带支承杆的转向镜

激光头

转向镜磁性基座

快速对准夹具

机床工作台
磁性基座

图 5-3 沿 *Y* 轴测量组件布置

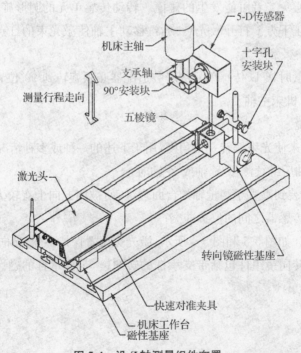

5-D传感器

机床主轴

十字孔
安装块

支承轴

90°安装块

测量行程走向

五棱镜

激光头

转向镜磁性基座

快速对准夹具

机床工作台
磁性基座

图 5-4 沿 *Z* 轴测量组件布置

2）将带交叉孔的安装块安装到磁性基座的杆上并将基座锁紧在激光偏转的位置上。

将转向镜的支承杆插在安装块的一个孔中,锁紧螺钉把转向镜固定在适当位置。

3) 对于沿 Y 轴的测量,转向镜中心必须对准光束中心且与其成 45°。在 6-D 传感单元上放置旋转盖,转动转向镜,把光束反射到旋转盖上目标处。如图 5-3 所示,可以先让转向镜与光束垂直,然后将安装块转到磁性基座的对角线方向。调整转向镜使光束与 6-D 传感单元的下窗口处在同一水平位置。升降机床主轴刀头使光束对准传感单元下窗口。请注意,必须转动滚摆角参考传感器以保持其与测量传感器对准。

4) 对于沿垂直轴的测量,参照步骤安装 6-D 传感单元。在 6-D 传感单元上放置旋转盖,调整转向镜,使光束对准旋转盖上目标点(如图 5-4 所示)。

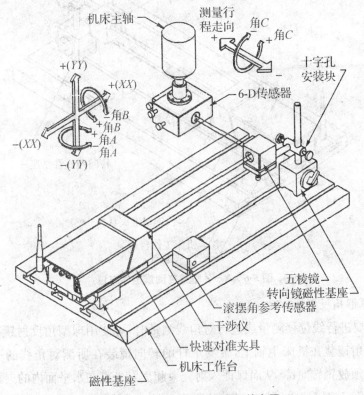

图 5-5　X—Y 轴垂直度测量组件布置

5) 参阅相关对准步骤,在测量前对转向镜进行精密调节。

(4) 安装五棱镜

1) 五棱镜(选购)主要用来测量两轴的垂直度,需要将光束精确偏转 90°时可以代替转向镜。根据五棱镜的设计原理,反射后光束总是精确偏转 90°,而与光束的入射角无关。这就保证了第二轴的测量结果准确代表了第二测量轴相对第一测量轴的垂直度。请参考五棱镜对准步骤。

2) API 的五棱镜安装在一个可二维调整的基座上,它与转向镜的安装组件相同,安装步骤也类似,图 5-5 和图 5-6 分别是测量 X—Y 轴垂直度和 X—Z 轴垂直度的组件布置。

注意：在进行第二测量轴的对准时，激光头位置的任何变化都将使垂直度测量失去意义。

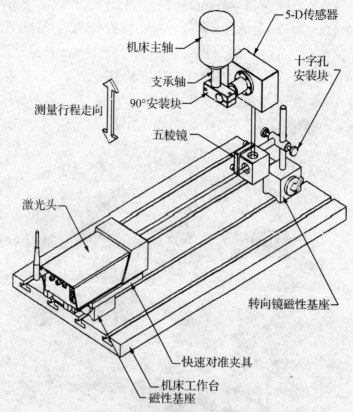

图 5-6　**X—Z 垂直度测量组件布置**

（5）安装球形角反射镜

1）当仅需要进行线位移测量或进行对角线测量时，可使用球型角反射镜。对于对角线测量，球型角反射镜装在机床主轴上，带支承杆的转向镜装在所测对角线的一端，如图 5-7 所示。注意：必须放置转向镜，从而保证入射光束和反射光束在水平面内的夹角小于 90°。

2）将球型角反射镜的支承杆安装到主轴上并锁定主轴。

3）将转向镜安装到特定位置，确认经反射镜反射后的光束在整个长度上沿被测对角线方向，这可以通过沿对角线移动主轴或用一根卷尺和一张白纸来观测光束路线。

4）在球型角反射镜的开口上覆盖一段卷尺，调整转向镜和球型角反射镜，使光束的位置低于球型角反射镜开口中心约 5 mm。

5）在进行测量前请参阅关于球型角反射镜和转向镜的详细调整步骤。

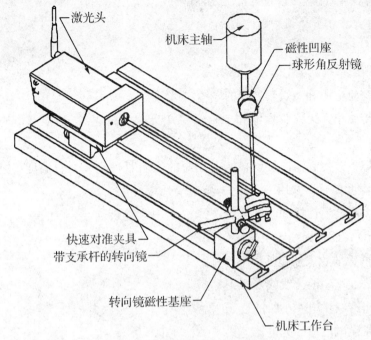

图 5-7 对角线测量组件布置

（6）安装环境参数传感器

1）6-D 激光测量系统通常配备大气压力、空气温度、材料温度和空气湿度传感器（选购），这些也通称为环境传感器。在设置程序中相应选定后，就能使这些传感器测得的参数自动与测量过程相结合。选定以后，这些数据可以对激光波长和材料温度（造成的误差）进行补偿，进行测量前，这些传感器的电缆都必须连接到 XD 传感头上。

2）大气压力传感器和湿度传感器（选购）可以放在任何方便的位置，但应与测量面在同一高度上，因为大气压力是随海拔高度变化而变化的。

3）空气温度传感器应放在靠近测量光路中心的位置，但不应影响测量过程。

4）材料温度传感器通常放在机床标尺的位置或附近。如果做不到，可以直接放到机床工作区附近的床身表面上。避免将传感器放到诸如马达或光源等温度场附近。

（7）安装滚摆角参考传感器

1）确保滚摆角参考传感器紧固到磁性基座上。

2）滚摆角传感器贴有标签面必须朝 6-D 传感单元上可旋转盖的一侧，并且需安装在靠近激光头处，从而保证整个测量过程中连接电缆不受任何压力的作用。

注意：参考水平仪与环境传感器使用同一类型的电缆连接插头。尽管这种连接插头可以连接到激光头上的任意插座上，但最好按标签指示进行连接。

3. 安装电路

XD 激光测量系统的电路安装包括供电电源电缆、环境传感器电缆、以太网通信电缆、滚摆角参考传感器电缆(选购)以及外部触发器电缆(选购)之间的连接。

注意:在连接或拆卸电缆前,控制器和电源上的开关都应放在"OFF"位置且将交流电源线断开,否则可能损坏测量系统。

XD激光测量系统的电路安装步骤如下:

(1) 连接交流电源和激光头之间的电缆。

(2) 连接传感单元无线收发器和6-D传感单元之间的电缆,这根电缆的末端为12针插头。

(3) 将环境参数传感器连接到控制盒相应的7针插座上。材料温度传感器、空气压力传感器和空气温度传感器共用一个插头,其末端为7针插头。

(4) 将以太网电缆连接到激光头上,电缆的另一端连接到计算机的以太网端口。

4. 安装XD传感器无线收发器

传感单元的无线收发器包括以下部件:

(1) 带有磁性基座的无线收发器。

(2) 两块可持续供电八小时的智能电池。

(3) 一个带供电电缆的充电器。

(4) 一个直流/交流转换器。

(5) 一根传感器电缆。

注意:在使用该系统前,必须先对电池充电。将电池放入提供的充电器中,并且在使用之前需保证八小时的充电时间。当电池电力不够时,可使用提供的AC/DC转换器给系统供电,将其插到无线收发器上。按下检查按钮即可直接观察电池的剩余电力,除此之外,软件也可监测供电电压并显示电池的剩余电力。

将传感器装到固定夹具上之后,用传感器电缆连接6-D传感单元和无线收发器。用磁性基座将收发器模块吸附到机床的运动部件(跟随传感单元运动的部件)上。

注意:启动组装好的无线收发器之前,先行启动激光头,最后打开软件。

任务2 激光干涉仪检测精度

任务引入

完成激光干涉仪的精度检测,包括速度测量、平面度测量、平行度测量。

任务分析

完成该任务的具体实施方案见表5-6:

表 5-6

步骤	课题方案
1	激光干涉仪粗对准
2	速度测量
3	平面度测量
4	平行度测量

任务实施

一、激光干涉仪粗对准

1. 前期准备

(1) 安装 CD 中的测量软件已经装入计算机。

(2) 测量所要求的组件已经安装完毕,且所有的初步调整已经完成。初步调整包括定位光源和靶镜位置以保证光束射到靶镜的相应点上。

(3) 所有的连接电缆已连上。

(4) 激光预热时间已经足够长,后部指示灯显示预热完毕(通常约 15 分钟)。

2. 操作步骤

上述几项完成后,打开计算机,双击位于相应程序文件夹中的图标启动 6-D 激光测量程序。计算机屏幕显示界面,这是各种测量开始时所有对准步骤的基本设置界面。请将计算机监视器放在一个从试验地点可方便看到显示屏的位置。具体操作步骤如下:

(1) 手轮近距离对准,调整 X、Y、Z 轴和对角线的测量精度。

(2) 五棱镜的调整,记录读数。

(3) 组建调整,旋转测量。

二、速度测量

1. 安装激光和 5-D 传感单元

注意速度测量只涉及到线位移测量。然后安装转向镜和五棱镜。用球型角反射镜代替 5-D 传感单元时,把球型角反射镜支承杆装到被测机床的主轴上并锁定主轴。将反射镜的磁性凹座连接到支承杆上,可以与支承杆在一条直线上也可以垂直于支承杆。然后将球型角反射镜安放到磁性凹座内,旋转使其球形面大致垂直于测量方向。

2. 进行激光头和 5-D 传感单元的精密对准

3. 调整三向靶镜或球型角反射镜

(1) 把角反射镜放在测量轴上距离激光头最近的位置。在相互垂直的两个轴向调整机床使光束进入角反射镜球形面上稍低于中心的位置。

(2) 注意反射回干涉仪上窗口的光束位置,在两个相互垂直的轴向调整机床使反射光束进入干涉仪上窗口。继续调整,直到线位移读数的光强值最大。

(3)将角反射镜沿测量轴移到距离激光头最远处,在这个位置调整激光头夹具的调整螺钉使光束对准角反射镜的圆形入射面。继续调整使返回光束进入干涉仪上窗口并且使线位移读数的光强值达到或超过 80%。

三、平面度测量

1. 组件安装

(1)把激光头及其夹具安装到一稳定基面上,使其高度与安装到被测平面上的高度大致相同,可使用三角架。如果有足够空间,激光头也可直接安装到被测平面上(如果被测平面允许安装刚性支座)。

(2)用 API 公司提供的三个内六角头螺钉将传感单元与桥板间的连接环装到桥板上。

(3)将 5-D 传感单元支承杆的基座装到传感单元的底部,安装连接适配器并紧固。将支承杆插入连接环并用滚花的螺钉将传感单元与桥板紧密连接(如图 5-8)。

(4)注意请不要连接环境传感器。因为平面度测量利用自准直管原理,与温度、气压和湿度无关。

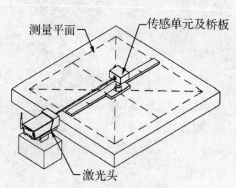

图 5-8　5-D 传感器平面度测量示意图

2. 组件对准——利用俯仰角

(1)平面度测量是使用 Moody 法进行。它是利用一根靠尺,让 5-D 传感单元沿尺滑行于八条线(四条周边线、两条对角线和两条中心线)进行测量。靠尺上有刻度,其刻度间隔等于桥板上支点之间的距离。这种八条线的测量模式有时也称做"Union Jack 测量"。

(2)在被测表面上划出这八条线,选择合适的边长使其恰好为桥板支点距离的整数倍。系统带有 3 种规格的桥板,其支点间的距离分别为 50 mm、100 mm 和 150 mm。

(3)选择一条测量线,放置激光头使光束沿被测线方向,将靠尺带刻度的边缘对准这条线并固定靠尺(最好夹紧)。

(4)参阅基本对准步骤,使 5-D 传感单元靠近激光头。放松连接环上的调整螺钉,调整传感单元的高度使光束打在旋转盖白色目标点的水平中心线上。在水平方向小心移动激光头,使光束对准旋转盖白色目标点。

（5）沿靠尺滑动传感单元，使它移到远离激光头的一端。调整激光头快速对准夹具上的两个螺钉使光束对准旋转盖上的白色目标点。

（6）重复第 4、5 步，直到沿整个靠尺滑动传感单元时，激光都对准白色目标点。这就完成了初步的对准。

（7）转动传感单元上的旋转盖，转动传感单元以获得角度读数。测量基于角 B 的读数。因此，不必得到线位移读数。通过传感单元上的调整螺钉调整角度读数值，直至小于 $100''$，从这点开始测量。

3. 组件对准——利用滚摆角

如果测量系统采用的是 XD 系列的 6D 系统，则可利用测量滚摆角的电子水平仪进行平面度测量，而不需利用 5-D 传感单元的角 B（俯仰角）。按照同样的八条线测量模式，固定其中一个水平仪，移动另外一个进行测量。测量每条线时按下列所示确定水平仪的放置方位。

四、平行度测量

1. 硬件安装

（1）从传感单元的底部拆下滚摆角测量传感器。

（2）将 6-D 传感单元的安装支架装到 6-D 传感单元的底部。

（3）将滚摆角测量传感器接口板安装到 6-D 传感单元的顶部，然后将滚摆角测量传感器安装到接口板上方（如图 5-9），这样除了传感器之外，水平仪也测量角 B。

（4）将 6-D 传感单元放到多轴调整夹具上（见图 5-9）。

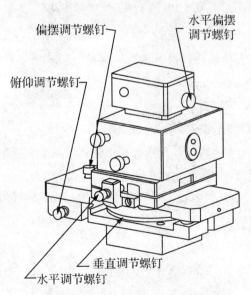

偏摆调节螺钉　　水平偏摆调节螺钉

俯仰调节螺钉

垂直调节螺钉

水平调节螺钉

图 5-9　平行度测量传感单元多轴调整夹具

2. 硬件对准

（1）安装激光器，使激光束在水平面内与要测的两条轨道垂直。

（2）调节激光器俯仰角使光束与激光头安装面平行。

（3）将 6-D 传感器装在第一个轨道上，正确放置水平仪，以便测量 B 角读数。

（4）安装五棱镜，使激光束指向第一条轨道（见图 5-10）。列出的 1～20 步调节对准五棱镜。当对准过程要求传感器线性或旋转运动时，使用相应的传感器调节夹具调整（见图 5-9）。

（5）对准后，用环形夹固定 6-D 传感器的垂直位置，再用紧固螺钉固定环形夹。

（6）在离五棱镜最近点调节水平仪输出，以便获得小于 10 角秒的读数。记录水平仪读数和 B 角读数。

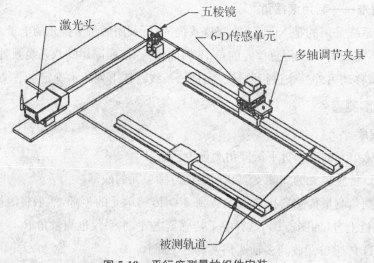

图 5-10　平行度测量的组件安装

（7）按所述进行第一轨道的测量。

（8）在第二轨道上，安装传感器及其夹具。移动五棱镜使激光沿第二轨道方向。

（9）重复列出的步骤调节五棱镜，注意不要碰动 6-D 传感器上 A、B 调节螺钉。可利用夹具的俯仰角和偏摆角调节螺钉。

（10）将 6-D 传感器移到离五棱镜最近的位置。

（11）调节传感器夹具的俯仰角，直到水平仪的读数与在第一轨道测量时的读数一致。

（12）调节五棱镜的滚摆螺钉（相对于入射光束滚摆），以调节五棱镜的俯仰角（相对于 6D 传感器），直到角 B 的读数与在第一轨道测量时的读数一致。

（13）进行第二轨道测量。

任务 3　激光干涉仪的数据采集和处理

🔵任务引入

完成激光干涉仪的数据采集和处理，包括设定正负误差补偿号码、软件设定、数据采集。

任务分析

完成该任务的具体实施方案见下表：

表 5-7

步骤	课题方案
1	以参考点为基准设定正负误差补偿号码
2	软件设定，系统设置并设置测量参数
3	数据采集

任务实施

一、设定正负误差补偿号码。

以参考点为基准设定正负误差补偿号码

例如：工作台行程 X 向 800 mm，NO1320 LIMIT 1＋ 80000；NO 1321 LIMIT 1－ －600000；要求测量间隔 25 mm，倍率 1，X 测 24 个点：0～25（其中 0 和 25 不测），参考点为使用第 24 位补偿号。

二、软件设定

1. 启动软件

在 Windows 主界面上，按"开始"→"程序"，找到 XD 激光测量软件。为方便快速启动该软件，建议用户在桌面上建立快捷方式。双击桌面上的图标，即可启动软件。首先会显示 6-D 激光测量系统的图片随后显示软件系统功能设置对话框（如图 5-11 所示）。可以选择"数据分析"选项，从而不需连接系统时即可进行数据校验。为了利用激光系统进行测量，应选择"数据采集与数据分析"选项。采用默认的"优先以太网通信"选项。本软件也支持 API 早期的激光测量系统采用的串口通信控制，在这种情况下，不应选择"优先以太网通信"选项，以便系统先搜索串口通信。

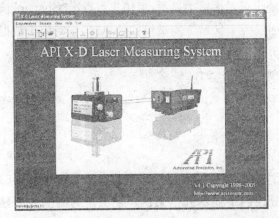

图 5-11　启动 API 激光测量系统

设置完成后,点击"Laser System Option"对话框中的"OK"按钮,软件会自行初始化"TCP/IP"设置从而建立以太网连接。若软件自行初始化"TCP/IP"设置失败,可参照有关的手动设置详细说明。

初始化阶段,软件将检查默认的配置文件是否与所用系统的序列号匹配。若不匹配,用户可以通过点击"Retry"按钮选择手动搜索文件。如果用户点击"Ignore"按钮选择不搜寻,那么应用程序将仅进入数据模型分析。每一个激光系统都拥有一个和该系统对应的配置文件,其中含有系统标定信息。为了保证测量精度,一定要确保主界面左下角显示的序列号与用于测量的激光系统的序列号一致。

出现的主界面所显示的线值,A、B 和 C 的角度,XX 轴和 YY 轴的直线度,反映了仪器在设置和对准时获得的值。信号强度读数是传感器接收的激光强度的相对值。

2. XD 系统设置

开始测量前,用户必须进行系统参数设置,定义一些测试单位、灵敏度、环境补偿以及传感器精度,以满足详细的测试文档的要求。为设置这些参数,从主菜单选择"System"选项或直接点击"pa"图标,激活 XD 系统参数设置对话框。

注意:"Unit&Resolution"菜单右边还有另外两个设置窗口。这些按钮允许用户在不同的设置界面间切换。默认的主界面显示数据的刷新时间为 3 秒,用户可以通过选择"Adjust Filter"按钮来改变这一设置。这个设置只会影响线位移、直线度和角度读数的实时刷新时间,而不会改变数据采集时间及取样速率。

XD 系统设置完成后,用户可继续进行特定的测量设置,在主菜单上点击"DataAcqusition",可得到测量选项菜单,选择相应的选项进行相应的测量。注意:"1D"选项包括一个子菜单,允许用户从重复性测量和线性测量中进行选择。

3. XD 测量参数设置

XD 测量包括线性测量、角度测量和直线度测量。如果选择"XD"测量,将弹出基本设置界面,在此处可选择测量过程中所需的不同参数。这些参数分为四个不同的信息区。右上部区域显示系统设置信息,这些信息在系统设置对话框中显示,但用户可点击"Change"按钮而直接进入系统设置对话框,进行重新设置。左上区域为测量模式信息区,它对应于数据采集的方式。右下区域包含测量文件资料,左下区域包含测量长度规范。

注意:通过点击"Save Setup File As"按钮,用户可以保存测试参数以便日后使用,或点击"Load a Setup File"加载之前已定义好的设置文件,也可点击"Cancel"按钮继续进行而不保存测试文件。

三、数据采集

为设置和数据采集文件指定文件名后,操作者必须将靶标移到与设置界面中规定的初始位置参数相同的机器位置。整个屏幕分成四个显示和信息区。左上角为测量数字显示区,它指明系统正在进行的测量。上部数字为线移,中部是水平面内和垂直面内的直线度偏差。下部三个是滚摆角、俯仰角和偏摆角。数字显示区的下面是三组激光强度读数,表明激光束的相对强度。

环境参数显示区。显示的是每个传感器的当前读数,或者是用户在系统设置对话框中设定的常数值。测量参数设置区总括了系统设置参数。屏幕的右半部分包含了三个实时图形显示区。随着数据采集,测量结果会以误差图形式实时显示出来。上部显示线性输出,中部显示直线度,底部是角度。由于直线度和角度图形显示的不止一个误差参数,这两个图形都带有小的图形符号说明。界面上部的工具条含有常用测量功能的快捷按钮。如果线性读数与机器轴坐标系统不同步,则把主轴沿测量轴移动到起始位置,点击"R"(Reset)按钮,使读数清零。该功能也可通过菜单调用。

若选择自动测量模式,CNC(数控机床)程序将启动,自动把机床床身或主轴移动到第一个测量点。软件测量程序将监视机床的运动。当机床运动进入预设的"Window(窗口)"内时,软件将启动 Dwell(停顿)时间计时器。当计时达到取样时间的开始点时,程序将采集数据及更多信息。接着 CNC 程序将机器移动到下一测量点,重复上述测量过程,到达最后一点时(必须越过最后一个测量点),CNC 程序使机床反向运动,软件程序反向在每一测量点采集数据。回到开始点后,第一次测量完成。如果初始测量设置的测量次数大于1,则机床必须移动越过开始点,开始下一次的测量。重复进行这一过程,直到完成设置的测量次数。

若用户设定为多次单向测量,CNC 主轴运动过程与上面描述的稍有不同。单向测量时,主轴从起始点到终止点按逐个测量点移动。机器越过终点一定距离后,立即返回到起始点并停顿。然后主轴越过起始点一定距离,再返回到起始点,以便进行第二次测量。

若选择 CNC 手动测量模式,机床床身或主轴必须移到第一个测量点。操作者需按下"Enter"键开始数据采集。采集第一个数据点后,CNC 程序将床身移到下一个测量点,再按"Enter"键采集第二个数据点。如此重复进行,测量每个测量点。按初始设定的测量次数,重复上述步骤。

若选择外部触发测量模式,外部触发器功能被激活。机床床身或主轴的移动既可以由 CNC 程序控制也可以手动控制。在第一测量点,操作者需按下触发键开始数据采集。采集第一个数据点后,手动将床身移到下一个测量点,再次按下触发键采集第二个数据点。如此重复进行,测量每个测量点。按初始设定的测量次数,重复上述步骤。

若选择手动测量模式,必须首先在测量设置界面中设定测量点个数。操作者必须将床身或主轴定位到第一点,按下"Enter"键,软件将提示用户输入位置的标称值。接下来操作者必须把机器移动到下一个测量点并按"Enter"键,输入位置标称值。如此重复进行,测量每个测量点。按初始设定的测量次数,重复上述步骤。手动模式允许按非均匀的间隔进行测量。

完成数据采集过程后,程序将提示用户数据采集已经完成并保存,这时可利用数据分析功能来评价测量结果。完成第一测量点采集后,用户也可随时退出并保存数据。

课题二 数控机床工作精度检测

在一定环境下(温度、湿度、气压),通过三坐标测量仪对试切工件进行工作精度检测。

三坐标测量仪的测量方式根据所需测量产品特性通常可分为接触式测量、非接触式测量和接触与非接触复合式测量。目前三坐标测量仪已经广泛应用于汽车、航天工业、模具及机加工领域并在学校科研单位也得到了广泛使用,对提升国内产品总体竞争力起到不可忽视的作用。

1. 三坐标测量仪的种类

(1) 接触式探针测量三坐标测量仪(最常用使用最普遍);

(2) 影像复合式三坐标测量仪;

(3) 激光复合式三坐标测量仪(主要应用于产品测量与逆向抄数扫描)。

2. 三坐标测量仪的几种常用扫描方法

三坐标测量仪(CMM)的测量方式通常可分为接触式测量、非接触式测量和接触与非接触复合式测量。为了分析工件加工数据,或为逆向工程提供工件原始信息,经常需要用三坐标测量仪对被测工件表面进行数据点扫描。现以美国 Brown & Sharpe 公司 Microxcel Pfx454 型三坐标测量仪为例,介绍三坐标测量仪的几种常用扫描方法及其操作步骤。

三坐标测量仪的扫描操作是应用 PC DMIS 程序在被测物体表面的特定区域内进行数据点采集,该区域可以是一条线、一个面片、零件的一个截面、零件的曲线或距边缘一定距离的周线等。应用要点:

(1) 应根据被测工件的具体特点及建模要求合理选用适当的扫描测量方式,以达到提高数据采集精度和测量效率的目的。

(2) 为便于测量操作和测头移动,应合理规划被测工件装夹位置;为保证造型精度,装夹工件时应尽量使测头能一次完成全部被测对象的扫描测量。

按照三坐标测量仪操作步骤的要点和难点,重新分解任务如下:

表 5-8

任务号	任务名称
任务 1	工件加工与检测
任务 2	PCDMIS 自动检测
任务 3	三坐标测量仪检测分析

任务 1 工件加工与检测

任务引入

完成工件的加工与检测,包括加工工艺设计、工件的装夹与定位、工件加工精度检测与分析。

任务分析

完成该任务的具体实施方案见表 5-9:

表 5-9

步骤	课题方案
1	加工工艺设计
2	工件的装夹与定位
3	工件加工精度检测与分析(EZ-DMIS)

任务实施

一、加工工艺设计

工艺设计时,主要考虑精度和效率两个方面,一般遵循先面后孔、先基准后其他、先粗后精的原则。加工中心在一次装夹中,尽可能完成所有能够加工表面的加工。对位置精度要求较高的孔系加工,要特别注意安排孔的加工顺序,安排不当,就有可能将传动副的反向间隙带入,直接影响位置精度。

二、工件的装夹与定位

工件在空间有了确定位置之后,为了保证零件的几何形状和相互位置正确,还必须使工件相对于数控铣床和铣刀有一个正确的位置,因此就需要进行找正,即找正装夹。数控铣床进行工件的找正装夹时,必须将工件的基准表面,即工件坐标系的 X 轴或 Y 轴,找正到与数控铣床的 X 轴或 Y 轴重合。

同于普通机床找正工件的的找正方法,一般为打表找正。将夹具安装在待检测机床的工作台上,先初步安装工件,通过千分表矫正工件安装的平行度。通过调整定位螺母,使得工件坐标系的 X 轴或 Y 轴与数控铣床的 X 轴或 Y 轴重合,待达到安装要求后固定好工件。

三、工件加工精度检测与分析（EZ-DMIS）

1. 检测工具——三坐标测量仪

如图 5-12 所示为青岛前哨朗普测量技术有限公司制造的 Z003 系列，其规格为 X 700 mm、Y 700 mm、Z 700 mm。

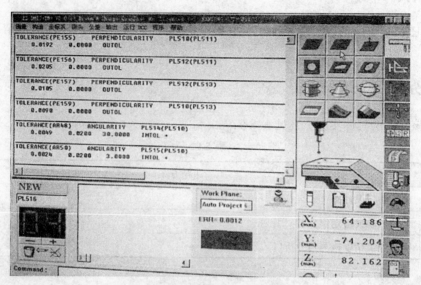

图 5-12　三坐标测量仪工作界面

在开机前要检查室内工作环境是否达标，三坐标测量仪属高精度仪器，工作环境对其使用寿命和测量精度都有较大的影响。开机要依次打开空气压缩机、空气净化器、主机电源、启动按钮。通常在每次开机后，都要把三坐标测量仪回零，使其自动补偿工作精度。

2. 加工精度与检测分析的一般步骤

（1）分析

对照工件，分析图纸，明确以下要求：

1）明确工件的设计基准、工艺基准、检测基准，确定建立零件坐标系时，应测量哪些元素来建立基准。在检测试切件时，其基准是工件的上表面，所以工件在放置时无太大的要求。工件图纸的分析过程，是工件检测的基础。分析完图纸后，应出据一份详细的检测要求。各检测基准以图纸为基准。

2）确定需要检测的内容，应该测量哪些元素，以及测量这些元素时，大致的先后顺序。此试切件的检测的课题、测量元素、测量先后顺序在表 5-10 中都有详细说明。

3）根据工件的摆放方位及检测元素，选择合适的测头组件，并确定需要的测头角度。

（2）测量特征元素

点、直线、平面、圆、圆柱、圆锥、球、圆槽等这些都称之为特征元素。不是所有的特征元素都可手动测量的，手动测量的特征元素类型：点、直线、平面、圆、圆柱、圆锥、球。这些特征元素的最少测点数为：

直线：2 点　　　　　　　　　　平面：不在同一直线的三点

圆：不在同一直线的三点　　　　圆柱：6 个点分两层

圆锥：6 点分两层　　　　　　　球：4 点（三点一层；一点一层）

（3）建立零件坐标系 PCS

PCDMIS 对于零件坐标系的建立主要提供两种方法：

1）3－2－1 法：主要应用于零件坐标系位于工件本身，且在机器的行程范围内能找到坐标原点，适用于比较规则的工件。

2）迭代法：主要应用于零件坐标系不在工件本身或无法直接通过基准元素建立坐标系的工件上，适用于钣金件、汽车和飞机配件等类型工件。

3. 本任务的检测步骤

本设计中检测试切件使用的是 3－2－1 坐标系，坐标原点为工件的中心点，建坐标系的目的是使机器的检测坐标与工件坐标重合。建坐标系过程为：

（1）测量

1）基准面（四个点）

2）三个孔（中心孔和另外两个定位孔，每个孔一个截面上分别打四个点）

（2）构造元素

1）投影　　将三个圆投影到基准面上，形成三个点。

2）拟合　　两个外圆投影成的点拟合为一条直线。

3）建坐标系　　基准面、直线、点，建立 3－2－1 坐标系。

为了保证检测的可靠性，通常在建立坐标系后，要对坐标系进行检验。用测头测量中心孔和两外孔，中心孔的 X/Y 坐标值为 0，两外孔 X/Y 坐标值与工件大小有关，320×320 的工件坐标值为 100；160×160 的工件坐标值为 52，其允许公差为 0.007 mm。检测步骤如表5-10：

表 5-10　三坐标动态精度检测步骤

步骤	测量元素	测量方法	形位公差	英文缩写
1	中心孔＋基准面 A	三坐标测头在中心孔内壁任意两截面上分别打四点，将得到的两个圆拟合成直线，即中心轴线	垂直度（中心轴线与基准面 A）	PE
2	大外圆	三坐标测头在大外圆的圆柱面的一个截面上均匀打四个点	圆度	CR
3	大外圆＋中心孔	此处可以利用步骤 1（任一圆）和步骤 2 中测量元素检测两个圆的同心度	同心度	CN

步骤	测量元素	测量方法	形位公差	英文缩写
4	中心孔	选择测量圆柱,在中心孔两截面上分别打三个点,输出圆柱	圆柱度	CY
5	周围四个孔(阶梯孔)	由于此四个孔皆为阶梯孔,所以每个孔上下检测一个圆,共八个圆。每两个同心的圆检测同心度,每个孔中任一圆检测其位置度	同心度	CN
			位置度	D
6	十个面	十个面分别为:旋转30°的正方形四个铣削面,倾斜3°的两个铣削面,底部正方形四个铣削面。在每个面同一截面上打三点,得到十条线	直线度	ST
7	底部正方形四个铣削面	三坐标测头在每个铣削面的非同一直线上打四个点,相邻两面检测垂直度,相对两面检测平行度	垂直度	PE
			平行度	PA
8	两倾斜面+正方形-基准面	选择同一侧30°、3°倾斜面及底部正方形基准面,三坐标测头在每个铣削面的非同一直线上打四个点,两被侧面与基准面之间检测倾斜度	倾斜度	AR

说明:

1)试切工件尺寸有320×320和160×160两种,两者的中心到周围四小孔的圆心距离分别为100和52,此数值用在检验坐标系和检测位置度中。

2)30°和3°倾斜角度是我国数控机床动态精度倾斜度检测标准,也是在使用三坐标检测过程中检测员输入公差数值的形位公差。

3)操作摇杆的移动角度与测头的移动速度成正相关,所以在检测过程中,要均匀且小角度移动摇杆。

4)三坐标测头在接触被测件后,会自动反弹一段距离(约2mm),此距离是可调节的,若测较小孔径时,三坐标必须选用较小的测头和设置较小的反弹数值。

5)数控机床试切件检验标准、机床校验单——试件精度、三坐标检测报告见附录四。

任务 2　PCDMIS 自动检测

任务引入

完成 PCDMIS 自动检测，包括 PCDMIS 自动检测圆、PCDMIS 自动检测柱体。

任务分析

建立零件坐标系后，首先需将运行模式切换为 DCC 模式（Direct Computer Control），然后使用 PCDMIS 中的自动测量功能进行测量。运用自动功能进行测量时需有被检特征的理论值。并且在测头运动过程中需注意测头的运动轨迹，即在适当的位置插入移动点确保测头处于安全位置。

由于自动测量在测量前设置繁琐，本章节中只对 PCDMIS 自动检测圆和圆柱作简单说明。但对于大批量标准化的生产来说，采用自动测量可以实现快速精确检测。

任务实施

一、自动检测圆操作步骤

1. 模式切换

在建立完零件坐标系后，需将模式切换为如图 5-13 所示的"DCC"模式。

图 5-13　模式切换为 DCC

2. 插入

插入特征自动圆，如图 5-14 所示。

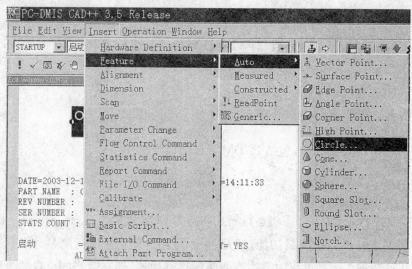

图 5-14　插入特征自动圆

3. 进入自动测量圆对话框

键入坐标值,获取理论圆心坐标,键入"测点数"、"深度"等参数(如图 5-15)。起始(Initia):若为"3",第一次创建程序时,测表面三点;反之,不采三点。永久(Perm):若为"3",以后运行程序时,都要采表面三点;反之,不采三点。间隙(Spacer):表面三点离圆弧的最短距离,输入理论直径及测量角范围。

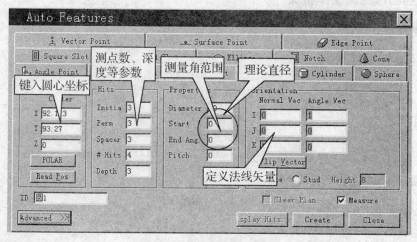

图 5-15　自动测量圆对话框

4. 定义法线矢量

"法线矢量"是被测圆的矢量方向(打完圆后,测头抬起的方向),假设被测圆的工作平面为 Z 正,则法线矢量为"0、0、1"。给定了正确的法线方向,圆的投影面就可以确定。

5. 定义角矢量

"角矢量"定义起始角的 0 度位置。测量有缺口的圆时,一般我们将角矢量指向缺口;

也可理解为测量圆时第一个点打的位置;若工作平面为 Z 正,测量角范围"0~360°",角矢量为"1、0、0",测表示第一个点落在平行于 X 轴的位置。

6. 激活测量

激活测量如图 5-16 所示。

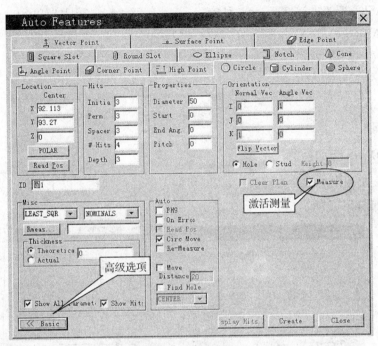

表 5-16 激活测量

7. 测量报告

圆 2＝$\underline{\text{AUTO/CIRCLE}}$，SHOWALLPARAMS＝YES，SHOWHITS＝YES
　　　　自动测量圆

THEO/25.4,25.4,0,0,0,1,25.4

ACTL/$\underset{X}{\underline{25.0343}}$,$\underset{Y}{\underline{25.2306}}$,$\underset{Z}{\underline{0.1902}}$,$\underset{I}{\underline{0.0039455}}$,$\underset{J}{\underline{0.0002624}}$,$\underset{K}{\underline{0.9999922}}$,$\underset{直径}{\underline{25.5264}}$

TARG/25.402,25.399,0,0,0,1

THEO_THICKNESS＝0，RECT，$\underset{内圆}{\underline{\text{IN}}}$，$\underset{圆弧移动}{\underline{\text{CIRCULAR}}}$，$\underset{最小二乘方}{\underline{\text{LEAST\_SQR}}}$，ONERROR＝NO

AUTO MOVE＝YES，$\underset{移动距离}{\underline{\text{DISTANCE}＝20}}$，RMEAS＝None，READ POS＝NO，FIND HOLE

$\underset{测量点数=4}{\underline{\text{NUMHITS}＝4}}$，$\underset{初始}{\underline{\text{INIT}}}＝3$，$\underline{\text{PERM}}＝3$，$\underset{永久}{\underline{\text{SPACER}}}＝2$，$\underset{间隙}{\underline{\text{PITCH}}}＝0$

$\underset{起始角=0}{\underline{\text{START ANG}＝0}}$，$\underset{终止角=360}{\underline{\text{END ANG}＝360}}$，$\underset{深度=5}{\underline{\text{DEPTH}＝5}}$

ANGLE VEC＝1,0,0

MEAS/CIRCLE

实测点

HIT/BASIC,38.0829,25.3977,－4.8614,－0.999992,0.000001,0.0039455,
37.7746,25.4332,－4.8592

HIT/BASIC,25.383,38.0977,－4.8146,0,－1,0.0002624,25.3611,37.9881,－4.8117

HIT/BASIC,12.6831,25.3978,－4.7612,0.999992,－0.000001,－0.0039455,
12.254,25.4046,－4.7615

HIT/BASIC,25.383,12.6977,－4.8079,0,1,－0.0002624,25.3664,12.4707,－4.8106

ENDMEAS/

结束测量

二、PCDMIS 自动检测柱体

柱体在三坐标中类型分为孔和柱,在试切件中的柱体为孔。以下是 PCDMIS 自动检测柱体的过程如图 5-17 所示。

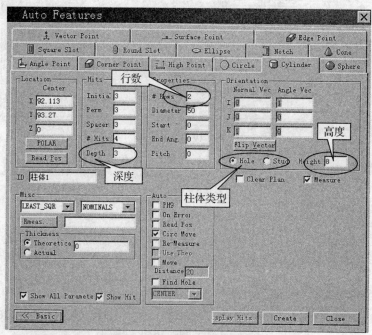

图 5-17 PCDMIS 自动检测柱体

1. 行数

决定了此柱体共测几层。

2. 高度

决定了测量柱体时,起始层的位置。

3. 柱体类型

类型为"孔"时,若输入正值,则是测头从孔口深入孔的距离。类型为"柱"时,若输入正值,则将是测头离开表面的距离。

注:PC-DMIS 要求柱的 X、Y、Z 标称值位于底部。如果中心点位于柱的顶部,应将深度值设置为负值。

柱体 2＝AUTO/CYLINDER, SHOWALLPARAMS＝YES, SHOWHITS＝YES
　　　　　自动测量圆柱

　　　　THEO/203.198,76.203,0,0,0,1,25.4,12

　　　　ACTL/202.8755,76.3523,0,−0.0013829,0.0013775,0.9999981,25.532,12

　　　　TARG/203.198,76.203,0,0,0,1

　　　　THEO_THICKNESS＝0, RECT, __IN__ , CIRCULAR, LEAST_SQR, ONERROR
　　　　　　　　　　　　　　　　内圆柱

＝NO,

　　　　AUTO MOVE＝YES, DISTANCE＝20, RMEAS＝None, READ POS＝

NO, FIND HOLE＝NO, REMEASURE＝NO, USE THEO＝YES,

　　　　NUMHITS＝4, NUMROWS＝3, INIT＝0, PERM＝0, SPACER＝0,
　　　　测量点数＝4　　层数＝3　　初始＝0　永久＝0　间隙＝0

PITCH＝0,

　　　　START ANG＝0, END ANG＝360, DEPTH＝3,
　　　　　　　　　　　　　　　　　　深度

　　　　ANGLE VEC＝1,0,0
　　　　　角度矢量

　　　　MEAS/CYLINDER

　　　　HIT/BASIC,215.898,76.203,−12,−1,0,0,215.6572,76.26,−11.998

　　　　HIT/BASIC,203.198,88.903,−12,0,−1,0,203.1596,89.0946,−11.9985

　　　　HIT/BASIC,190.498,76.203,−12,1,0,0,190.1257,76.223,−12.0026

　　　　HIT/BASIC,203.198,63.503,−12,0,1,0,203.1917,63.5754,−12.0021

　　　　HIT/BASIC,203.198,63.503,−7.5,0,1,0,203.192,63.5776,−7.5017

　　　　HIT/BASIC,190.498,76.203,−7.5,1,0,0,190.1241,76.186,−7.5029

　　　　HIT/BASIC,203.198,88.903,−7.5,0,−1,0,203.1309,89.1127,−7.4976

　　　　HIT/BASIC,215.898,76.203,−7.5,−1,0,0,215.6515,76.2547,−7.4972

　　　　HIT/BASIC,215.898,76.203,−3,−1,0,0,215.6401,76.2544,−2.9971

　　　　HIT/BASIC,203.198,88.903,−3,0,−1,0,203.1603,89.1123,−2.9972

　　　　HIT/BASIC,190.498,76.203,−3,1,0,0,190.1177,76.2216,−3.0052

　　　　HIT/BASIC,203.198,63.503,−3,0,1,0,203.1915,63.5823,−3.0027

　　　　ENDMEAS/

4. 构造

所要评价的特征元素测量完毕,为了评价的需要,需产生一些工件本身不存在的特征元素,这种功能称之为构造。PCDMIS 提供了非常强大的构造功能:点、直线、面、圆、曲线、特征组、高斯过滤等。

5. 评价形位公差

PCDMIS 提供了"尺寸"功能来实现形位公差的评价,可直接点击相应形位公差按钮,弹出相应的菜单进行评价。可评价:位置尺寸、距离、夹角、直线度、平面度、圆度、圆柱度、位置度、平行度、垂直度、倾斜度、对称度、轮廓度等。

6. 报告

由于 PCDMIS 是图形窗口、编辑窗口共同存在,所以最终产生的报告分为数据报告、图形报告两部分,可分别对两窗口进行编辑、打印。直接通过打印机输出,或存为电子文档(*. RTF 等格式)。

7. 程序的自动运行

若某种工件进行批量生产,可将程序进行标记(F3),点击执行键(Ctrl+Q),程序即可自动执行。(需特别注意:测头的运动轨迹,插入移动点,确保测头处于安全位置。)

通过这两特征元素的检测可以明显得出,PCDMIS 操作起来比 EZDMIS 要复杂,但其功能要强大很多,测量精度更高,对于重复测量更具优越性。

任务3　三坐标测量仪检测分析

🌀 任务引入

对三坐标测量仪精度检测方法进行分析比较。

⚙ 任务分析

通过前两个任务的学习,我们可以清楚地看到两种三坐标在检测上有很大的差异,显然其检测目的也是不一样的。

▶ 任务实施

两种三坐标精度检测方法的比较。

表 5-11 两种三坐标精度检测方法的比较

方法 要素	PC-DMIS	EZvDMIS	结论分析
工作 环境	环境温度：20℃±2℃，环境湿度一般要求：40%～60%为最好，压缩空气为：0.6MPa～0.8 MPa 压缩空气中不能含有油、水、杂质，测量机周围不能有较大震动如大型压力机、冲床等	环境温度：20℃±2℃，环境湿度一般要求：40%～60%为最好，压缩空气为：0.6MPa～0.8 MPa 压缩空气中不能含有油、水、杂质，测量机周围不能有较大震动如大型压力机、冲床等	由于三坐标为高精度测量，两者在工作环境的要求上是一致的，只有在这大前提下，测量仪才能保证测量的准确性
基本 组成	测量仪主机、控制系统、测头测座系统、计算机（测量软件）	测量机主机、控制系统、测头测座系统、计算机（测量软件）	二者看似相同但差别很大，主要在控制系统和测量软件上，PC-DMIS 控制系统性能更高，测量软件更先进，故其功能和测量精度更高
检测 对象 及检 测目 的	机床加工产品精度检测	机床试切件精度检测	加工产品检测是为了保证机床加工产品符合客户要求。机床试切件的检测是间接获悉组装好的机床的加工精度
处理 方式			若产品尺寸不符合要求，则要考虑到加工工艺的安排、零件的装夹定位是否准确等加工问题。但当机床试切件精度不达标时，我们应该检查机床组装精度是否达标，根据试切件测量报告及时查找调整机床装配问题

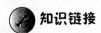 **知识链接**

加工精度异常故障的检测方法

生产中经常会遇到数控机床加工精度异常故障。此类故障隐蔽性强、诊断难度大。导致此类故障的原因主要有五个方面：

1. 机床进给单位被改动或变化；

2. 机床各轴的零点偏置（NULL OFFSET）异常；

3. 轴向的反向间隙（BACKLASH）异常；

4. 电机运行状态异常，即电气及控制部分故障；

5. 机械故障,如丝杠、轴承、轴联器等部件。

此外,加工程序的编制、刀具的选择及人为因素,也可能导致加工精度异常。对于机床生产厂家来说,试切件精度检测不达标,说明此机台装配不合格,故要从机台上找原因。常见的问题主要在机床的立柱和主轴的垂直度、"十字线"(机床 X、Y 的相交轴线)的垂直度。但对于用户来说,某一产品经三坐标检测不合格,一方面,用户应该考虑是否是机床本身加工精度出现问题,另一方面,用户应该重点从自身找原因,如加工刀具是否磨损、夹具装夹是否到位、G54 坐标点是否找准等等,毕竟每一台机床在出厂前已经经过严格的检验。

模块六　数控设备的管理维护

数控设备是电子信息技术与传统机械技术结合的产物,它集现代精密机械、计算机、通信、液、气、光电等多学科技术为一体,具有高效率、高精度、高自动化、复合性和高柔性的特点,是当代机械制造业的主流装备,在整个国民经济中的地位越来越重要。

但是,我们应当清醒地认识到,在企业生产中,数控机床能否达到加工精度高、产品质量稳定、提高生产效率的目标,这不仅取决于机床本身的精度和性能,很大程度上与操作者在生产中能否正确地对数控机床进行维护保养和使用密切相关。同时,我们还应当注意到,数控机床维修的概念,不能单纯地理解是在发生故障时,仅仅是依靠维修人员如何排除故障和及时修复,使数控机床能够尽早地投入使用就可以了,这还应包括正确使用和日常保养等工作。

因此,如何管理好、使用好、维护好数控设备是摆在每一个企业、每一个管理者、每一个使用者和每一个维护人员面前的一个重要课题。设备的价值是在使用中体现的,如何让设备正常高效、长效可靠地保持其精度和性能,需要通过先进的管理办法和方法来实现。因此在整个管理中应注重设备的整个使用过程,特别是现场使用过程的控制,通过量化的各种可以度量的管理指标,并坚持长效检查和考核来实现整个设备使用过程的控制和管理。本篇从数控设备的全过程管理出发,将数控设备的管理维护分为以下课题:

表 6-1　数控设备的全过程管理

课题号	课题名称
课题一	数控设备的前期管理
课题二	数控设备的维护保养
课题三	数控设备的现场管理
课题四	数控设备的闲置、调拨和报废

课题一　数控设备的前期管理

任务引入

因公司扩大生产规模,进一步提高产品质量,逐步增强企业实力,欲购置数台数控车床与加工中心,并结合原车间现有情况,进行整体规划和重新布局。

任务分析

设备前期管理也称为设备的规划工程,它是从设备规划到投产的全部工作。一般包括以下内容:设备方案的构思、调研、论证决策;市场收集和分析;投资计划编制、费用预算、实施程序;设备选型、采购、订购和合同管理;设备的安装调试、设备初期使用效果分析、评价和信息反馈;设备技术资料的管理等。从企业实际出发,我们将该课题任务的完成分为以下几个步骤:

1. 数控设备的选型
2. 设备招投标和合同签订
3. 设备的基础建设
4. 数控设备的安装
5. 数控设备的调试
6. 数控设备的验收

任务实施

一、课题准备

设备前期管理对企业的投资回收周期和企业的经济效益有着至关重要的作用,我们应该做好设备规划选型决策前的方案论证和可行性分析工作,在满足生产技术要求下,设法降低设备的购置费用和维护费用。这样就能以较低的寿命周期费用,取得较高的综合效益。

二、实施步骤

1. 数控设备的选型

随着市场需求多样化,数控机床已发展成厂家各异、品种繁多、选择广泛的产品,机床制造商一般可在同一种机床不改变床身结构和布局的情况下提供同一部件多个厂家的选择、数控系统中多种功能的选择或者多种附件的选择。正确、全面地认识数控机床是设备选型的基础,需要在对数控设备的性能、特征、类型、主要参数、功能、适用范围、缺陷、技术储备等有全面、详尽的了解和掌握的基础上确定。在机型选择中应在满足加工工艺要求的前提下越简单越好。表 6-2 以加工中心和数控车床为例简要描述数控设备的选型。

表 6-2　数控设备的选型

选择依据	具体内容	选择原则
主要参数	①工作台尺寸 ②主轴电动机功率与转矩 ③主轴转速与进给速度 ④坐标轴数和联动轴数 ⑤定位精度和重复定位精度	①一般选择比按工艺要求使用工装装夹好的典型零件的尺寸稍大一些的工作台,同时还应考虑工作台的承载能力 ②根据工件材料、典型工件毛坯最大加工余量大小、切削能力、加工精度、实际能配置的刀具等因素综合选择 ③根据自身技术能力和配套能力做合理选择 ④根据典型零件族认真分析,对相应配套的编程软件、测量手段等作全面考虑和计划,注意工艺要求和资金平衡 ⑤定位精度和重复定位精度的实际误差大大小于允差,保证切削精度合格
机床刚度	①允许的扭矩、功率 ②轴力和进给力最大值	①实际选型时,综合使用要求,对机床主参数和精度的选择都包含了对机床刚度要求的含义 ②订货时应按工艺要求,对比设备厂家提供的数据进行校验
数控系统	①控制方式 ②驱动形式 ③反馈形式 ④检测与测量 ⑤扩展功能等方面衡量	目前世界上数控系统供应商很多,用户选择系统的基本原则是:性价比高、管理和使用维护方便、系统市场寿命长,同时根据机床的性能需求来选择,以满足主机性能为主,对系统性能和价格等作一个综合分析
数控设备的基本特征附件	①自动换刀系统 ②刀柄和刀具 ③换刀时间 ④刀库容量	①在满足使用要求的前提下,尽量选用结构简单和可靠性高的 ATC,以降低故障率和整机成本。根据实际效果和操作人员维护上来看,除非特别考虑价格因素,推荐使用机械手式的刀库 ②刀具选择取决于加工工艺要求,刀具确定后还必须配置相应刀柄。刀柄型号取决于机床主轴装刀柄孔的规格。具体规格一般根据主轴转速和机床规格进行选择。数控机床所用刀柄系列基本都已标准化,由专业化生产厂供货,机床用户要根据具体加工对象合理选用 ③具体选择时不要纯粹的追求换刀时间最短,一般来说总换刀时间在 3～12 s 之间都能满足生产要求 ④根据典型工件的工艺分析算出加工零件所需的全部刀具数,以此来选择刀库容量。刀库的容量只要能满足基本需要就行,不宜选得太大。因为容量大,刀库成本高,结构复杂,故障率也相应增加
机床选择功能及附件	①同转工作台功能选择 ②冷却方式 ③排屑装置 ④自动测量装置、接触式测头及相应测量软件	①根据实际需要确定,以经济、实用为目的 ②一般根据工件、刀具及切削参数等实际情况进行选择 ③排屑等辅助功能附件装置主要根据设备在现场使用要求和工艺要求而定 ④自动测量装置这些附件选用原则是要求工作可靠、实用、不片面追求新颖
其他注意事项	网络通信接口、机床噪声和造型等	如果企业有应用 DNC、FMS、CIMS 的规划,或要进行网络制造,要注意通信功能。同时绿色制造和清洁生产是现代制造重要的内容之一

2. 设备招投标和合同签订

通过以上选择后基本上就能确定设备的具体技术参数，就能按照这些参数进行设备厂家的选择，进而采用招投标、比价采购等方式进行设备的采购。招投标活动作为一种确定设备制造厂家和标价的有效手段，应贯彻"公开、公平、公正"的原则。在设备的采购过程中通过招投标能有效降低设备购置费用，提高设备选型的合理性。设备招标的基本流程如图 6-1 所示。

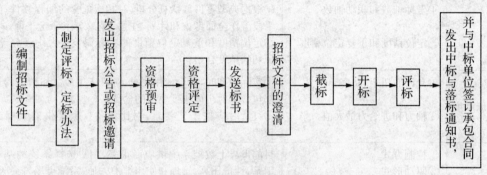

编制招标文件 → 制定评标、定标办法 → 发出招标公告或招标邀请 → 资格预审 → 资格评定 → 发送标书 → 招标文件的澄清 → 截标 → 开标 → 评标 → 发出中标与落标通知书，并与中标单位签订承包合同

图 6-1　设备招标的基本流程图

招标书中最重要的内容是招标课题的技术要求及附件约定，它是用户对设备预期功能和精度的直接体现。这部分内容主要有以下六个方面：

（1）机床的基本要求

基本要求主要描述设备用途、设备的加工对象，如需附图纸，应以典型零件作为附件附在后面。为了维护企业的商业秘密可根据加工工艺和精度要求另设计招标用加工图纸。这部分是重点，是技术部分的核心，要详细描述生产大纲、被加工产品的材料、重量、外形尺寸及设备的各种功能要求。如需要可在基本要求中描述加工节拍、生产单位工作时间、能耗等指标。所采用的标准应是国际通行的，或我国承认的国外标准、欧洲标准等，另外不应排斥符合要求的其他标准。

（2）技术要求及主要参数

根据加工件的需要提出主要参数，列出精度指标、检查验收方式及标准。主要参数最好提出一定的范围，数据尽可能多地涵盖各厂相应型号的数据，如：最大回转半径、进给速度、主轴功率和扭矩、换刀时间、刀库容量、定位和重复定位精度等。采用的技术标准和规范是确保设备质量的重要文件。

（3）机械结构

提出原则要求各投标厂详尽描述机床结构、材质等，以便于对机床的稳定性、寿命、精度保持性等进行比较。

（4）电气及控制

控制系统、附属功能、电气元件、电机的要求，如用交流电伺服电机。标书应根据企业自身情况对控制系统选择规定较宽松的范围。控制系统的功能即附加功能多少，应根据需要合理提示,以防在签约时出现价格问题。

（5）零配件

对零配件、工具、包装的具体要求,以及对噪声、三废、安全、环保、节能、劳动保护等方面的要求。需要关注包装和运输要求,这关系到货物能否按时无损地顺利到达使用单位手中,并有效防止因包装和运输而造成延期交货所造成的损失。

（6）附件及备件

这部分在前期工作中往往忽略考虑,但附件、备件有时价值很高,如刀具校准仪、备用卡盘等。附件及质保期内的零配件应包括在总价内。质保期以外的零配件建议供应商提供推荐零配件清单并分项报价,以便取舍。

3. 设备的基础建设

（1）设备工艺布局

设备工艺布局是指按照一定的原则,在设备和车间内部空间面积的约束下,对车间内各组成单元、工作地、生产设备、仓储等的位置以及与之相关的物料和人员进行合理的规划,使它们之间的生产配合关系最优,工件制造流程最短,物料运送代价最小。

在机械加工企业的布局上基本可分为综合型和专业型两种。专业型由于其专业化程度高,现代的机械制造厂多为这种类型。但数控设备有其特殊的特点和性能,数控设备的布局应该具有高柔性、模块化和易于可重构性,以适应市场的动态需求。

数控设备在布局时应以典型加工零件族为准,确定相对固定的加工单元体。在布置时应按照加工工艺顺序合理布置加工设备和辅助设施的相互位置和顺序,以达到工件流转流程最短而又不相互干扰。在每台数控设备旁边可以放置工具柜、零件周转区、刀具小车,以方便操作人员使用,尽可能地减少人为因素停机。工具柜应能放置图纸、量具、工具和机床附件等。零件周转区不应太大,应尽可能地参考单件流管理理念,节约生产场地和整个运营资金。刀具小车应根据工艺路线放置本机台常用的刀具和刀柄。

设备布局一经确定,其工具室、检验室、维修室和员工休息室等位置和面积也就确定了。如工具室宜布置在服务中心地段,方便各机台设备和人员;检验室应有独立的房间,要求照度充分、通风良好和温度恒定,在房内还应有恒温、恒湿、防尘、防震的单独房间安装三坐标测量仪等设备。员工休息室则可利用车间内的空闲地带。

（2）基础建设

在签订了商务合同和技术协议后,用户应该要求制造厂提供机床基础地基图,用户按照设备工艺布局确定各机台设备位置,事先做好机床基础,经过一段时间养护,等设备基础进入稳定期再安装机床。尤其是重型机床、精密机床必须要有稳定的机床基础,否则,无法调校机床精度,即便调整后也因为基础不稳定发生不均匀变形或反复变化从而影响床身的精度。

由于现在生产产品的不确定性,有部分厂家可能会涉及生产线的转型,所以很多企业不愿意做二次浇筑的设备基础,而倾向于把某个区域按照基础厚度要求建设整体基础,再采用防震(隔震)垫铁来达到使用要求。具体的基础厚度可以参照普通机床的标准。有提高加工精度要求的数控机床可按表 6-3 中的混凝土厚度增加 5%~10%。加工中心系列机床,其基础混凝土厚度可按接近的机床的类型,取其精度较高或外形较长者按表 6-3 中同类型机床采用。

表 6-3　金属切削机床基础的混凝土厚度

机床名称	基础的混凝土厚度/m
卧式车床	0.3+0.07L
立式车床	0.5+0.15L
铣床	0.2+0.15L
龙门铣床	0.3+0.075L
螺纹磨床、精密外圆磨床、齿轮磨床	0.4+0.1L
深孔钻床	0.3+0.05L
坐标镗床	0.5+0.15L

(3)电源建设

电源是维持系统和设备正常工作的动力源,它失效或故障的直接结果就是造成系统的紊乱、误动作、停机或毁坏整个数控系统。数控系统的伺服系统属于±5V、±10V 级别的数字或数字-模拟电路,很容易受干扰,外部异常电压一旦窜入将很可能造成设备损坏,而且数控系统部分运行数据、设定数据以及加工程序等一般存储在 RAM 存储器内,伺服系统设计时是按照一定的电压波动范围来设计的,电压过高或过低的波动、电源谐波、接地不可靠等都可能造成数据丢失、数字信号不正确,使系统不能正常地运行。同时,由于数控设备使用的是 380V 二相交流电源,所以安全性也是数控设备安装前期工作中重要的一环。基于以上的原因,对数控设备使用的电源有以下要求:电力要求为三相四线或三相五线,电压 380V,电网电压波动应该控制在+10%~-15%之间,机床的接地与工厂系统共同接地效果较佳,也允许分别接地,接地必须可靠并符合国家有关要求,在数控机床的电气线路中必须考虑抗干扰措施等。采取相应的抗干扰措施,可以从以下几个方面入手。

1)减少供电线路的干扰

①加强对电网的监控,对于电网电压波动较大的地区,建议各厂家在供电电网与 CNC 机床之间配置自动调压器或电子稳压器,以减小电网电压的波动,或者单台数控机床单独配置交流稳压器。

②线路的容量必须满足机床对电源容量的要求,在设计企业电气容量时考虑 30%以上的富裕量。

③数控机床的安装位置要远离中频、高频的电气设备;要避免大功率起动、停止频繁的设备和电火花设备同数控机床在同一供电干线上。电火花设备、焊接设备应采用独立的动

力线供电。

④动力线和信号线分开走线,两者绝对不可放在同一个导线槽内,控制线和电源线相交时,要采用直角相交,信号线采用屏蔽线或双绞线,以减少和防止磁场耦合和电场耦合的干扰。

⑤数控机床的附属设备连接到和主机同路的引入电源上。

2)减少机床控制中的干扰

数控机床强电柜内的接触器、继电器等电磁部件,交流接触器的频繁通断,交流电动机的频繁起动、停止,主回路与控制回路的布线不合理,都可能使 CNC 的控制电路产生尖峰脉冲、浪涌电压等干扰,影响系统的正常工作。因此,对电磁干扰必须采取相应措施,予以消除。

3)保证接地良好

接地是数控机床安装中一项关键的抗干扰技术措施,必须引起数控机床管理者、维修者的高度重视,在厂房规划、技改和电气配电系统中统一安排,具备符合数控机床安装要求的完整接地网络,在实际中按照规范施工严格验收。

(4)网络建设

随着数控技术使用的不断深入,计算机和网络技术的不断发展,在生产中越来越多地使用这些技术成果来提高生产效率,数控机床的信息化和网络化已成为必然的趋势,互联网进入工厂现场只是时间的问题。对于面临日益全球化竞争的现代制造工厂来说,第一是要大大提高机床的数控化率,即数控机床必须达到起码的数量或比例;第二是所拥有的数控机床必须具有双向、高速的联网通信功能,以保证信息流在工厂、车间的底层之间及底层与上层之间通信的畅通无阻;第三是使数控设备具备远程监控、远程诊断等功能。

由于数控机床的网络处于变压器、无线电发射设备、开关电源和 380V 电压的电力线路和电力设备等周围环境中,不可避免地受到电磁干扰和电磁辐射。电磁干扰和电磁辐射会造成电磁污染,影响在附近的其他电缆或网络的正常工作,降低数据传输的可靠性,增加误码串,使控制信号误动作等,为此必须采取保护措施抑制干扰和辐射。

1)加强网络布线系统内在的结构及材料的抗干扰性。

2)注重设备传输线路离不同干扰源间距的影响。

3)可靠接地。

(5)压缩空气供给系统建设

数控机床一般都使用了不少气动元件,如加工中心换刀、清洁主轴锥孔等,而且一般在加工中心上都有对空气压力的检测,如气压过低就会自动出现报警,所以接入的应该是清洁、干燥、充足的压缩空气。其流量和压力应符合各自机床的要求,一般压力在 0.6～0.8 MPa。压缩空气机要安装在远离数控机床的地方,并做好压缩空气设备的隔振、降噪处理。在新增设备后还应根据厂房内的设备布置情况、用气量大小,对压缩空气管路系统长度、压降等进行校核,确定是否需要新增空气压缩机或对原管路作相应的改造以适应现在的数控设备需要。

4. 数控设备的安装

数控设备的安装、调试和验收是设备前期管理的重要环节,其目的都是按照国家标准以及用户和厂家签订的技术合同对机床精度、电气系统、安全防护和包装等符合协议约定的情况和各项功能符合程度的检查和校核。同时这也是对操作人员进行机床结构、组成和操作、维护注意事项现场培训的过程。这是一个极其重要的步骤,对设备在后期的使用也会造成很大的影响。作为每一个设备管理人员应该对设备的每一个功能、附件和加工精度进行仔细检测和判定,并做好相关记录。一般数控设备的安装可按以下步骤进行:

(1)开箱核查

数控设备到位后,设备管理部门要及时组织设备管理人员、设备安装人员以及各采购员等开箱检查,如果是进口设备,还须有进口商务代理海关商检人员等。检验的主要内容是:

1)装箱单。

2)校对应有的随机操作、维修说明书、图样资料、合格证等技术文件。

3)按合同规定,对照装箱单清点附件、备件、工具的数量、规格及完好状况。

4)检查主机、数控柜、操作台等有无明显碰撞损伤、变形、受潮、锈蚀等,并填写"设备开箱验收登记卡"存档。

开箱验收如果发现货物损坏或遗漏,应及时与有关部门或外商联系解决。尤其是进口设备,应注意索赔期限。

(2)安装前的准备工作

认真阅读理解设备安装方面资料,了解生产厂家对机床基础的具体要求和组装要求,做好安装前的准备工作。

(3)部件组装

机床组装前要把导轨和各滑动面、接触面的防锈涂料清洗干净,把机床各部件,如数控柜、电气柜、立柱、刀库、机械手等组装成整机。组装时必须使用原来的定位销、定位块等定位元件,以便保证调整精度。

(4)油管、气管的连接

根据机床说明书中的电气接线图和气、液压管路图,将有关电缆和管道按标记一一对号接好。连接时特别要注意可靠的接触及密封,否则试机时,漏油、漏水,给试机带来麻烦。油管、气管连接中要特别防止异物从接口中进入管路,造成整个液压、气压系统故障。电缆和管路连接完毕后,做好各管线的固定,安装防护罩壳,保证整齐的外观。

(5)数控系统的连接

1)外部电缆的连接。主要指数控装置与 MDI/CRT 单元、强电控制柜、机床操作面板、进给伺服电动机和主轴电动机动力线、反馈信号线的连接等,这些连接必须符合随机提供的连接手册的规定。

地线连接一般采用辐射式接地法,即数控柜中的信号地与强电地、机床地等连接到公共接地点上,公共接地点再与大地相连。数控柜与强电柜之间的接地电缆的截面积要在 5.5 mm^2 以上。公共接地点与大地接触要好,接地电阻一般要求小于 4～7 Ω。

2) 电源线的连接。指数控柜电源变压器输入电缆的连接和伺服变压器绕组抽头的连接。要注意国外机床生产厂家变压器有多个抽头,连接时必须根据我国供电的具体情况,正确地连接。

(6) 通电试车前的检查和调整

1) 输入电源电压,频率及相序的确认。

①输入电源电压和频率的确认。我国供电制式是交流 380 V,三相;交流 220 V,单相;频率为 50 Hz。而有些国家的供电制式与我国不同。例如日本,交流三相的线电压是 220 V,单相是 100 V,频率是 60 Hz。他们出口的设备为了满足各国不同的供电情况,一般都配有电源变压器。变压器上有多个抽头供用户选择使用。电路板上设有 50/60 Hz 频率转换开关。所以,对于进口的数控设备或数控系统调整前一定要先读懂随机说明书,通电前要仔细检查输入电源电压是否正确,频率开关是否已置于"50Hz"位置。

②电源电压波动范围的确认。一般数控系统允许的电压波动范围为额定值的 85%～110%,而欧美的一些系统要求更高一些。如果电源电压波动范围超过数控系统的要求,就必须配备交流稳压电源,否则影响数控机床的精度和稳定性。

③输入电源电压相序的确认。目前数控机床的进给控制单元和主轴控制单元的供电电源,大都采用晶闸管控制元件,如果相序不对,接通电源,可能使进给控制单元的输入熔丝烧断。

相序的检查可采用两种方法:第一种是用相序表测量,如图 6-2 所示。当相序接法正确时,相序表按顺时针方向旋转,否则错误,这时可将 R、S、T 中任意两条线对调一下即可。第二种是用双线示波器来观察二相之间的波形。如图 6-3 所示,两相在相位上相差 120°。

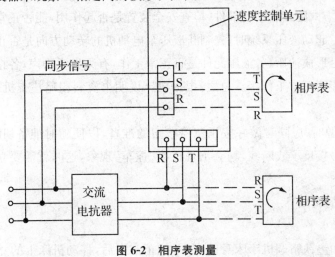

图 6-2 相序表测量

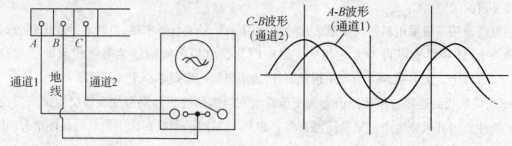

图 6-3　双线示波器检查相序

2) 确认直流电源输出端是否对地短路,如有短路必须排除,否则会烧坏直流稳压电源单元。

3) 接通数控柜电源,检查各输出电压,波动太大会影响系统工作稳定性。

4) 检查各熔断器的质量和规格是否符合要求,以保护设备安全。

5) 确认数控系统与机床的接口。现代的数控系统一般都具有自诊断功能,在 CRT 画面上可以显示出数控系统与机床接口以及数控系统内部的状态。在带有可编程控制器(PLC)时,一般可根据厂家提供的梯形图说明书(内含诊断地址表),通过自诊断画面确认数控系统与机床之间的接口信号状态是否正确。

6) 参数的设定。整机购进的数控机床,出厂时,都随机附有一份参数表(有的还附有一份参数纸带或磁带)。调整时,必须对照参数表进行一次核对,使机床具有最佳工作性能。一般可通过按压 MDI/CRT 单元上的"PARAM"(参数)键来进行。如果参数有不符,可按照机床维修说明书提供的方法进行设定和修改。

通过以上步骤,数控系统调整完毕。此时,可切断数控系统电源,连接电动机的动力线,恢复报警设定,准备通电试车。

(7) 通电试车

1) 接通电源供电。对于大型设备,为了更加安全,应采取分别供电。通电后观察无异常现象后,用手动方式陆续起动各部件,检查安全装置是否起作用,能否正常工作,能否达到额定的工作指标。起动液压系统时,先判断液压泵电动机的转动方向是否正确,液压泵工作后液压管路中是否形成油压,各液压元件是否正常工作,有无异常噪声,各接头有无渗漏,液压系统冷却装置能否正常工作等。总之,根据机床说明书资料粗略检查机床主要部件功能是否正常、齐全。

2) 在接通电源时,应同时做好按压急停按扭的准备,以便随时准备切断电源。如伺服电动机的反馈信号接反了或断线,均会出现机床"撞车"现象,这时就需要立即切断电源,检查接线是否正确。

5. 数控设备的调试

(1) 精调机床水平

用地脚螺栓和垫铁精调机床床身的水平,找正水平后,移动机床上的立柱、溜板和工作台等,观察各坐标全行程内机床的水平变化情况,并相应调整机床几何精度使之在公差范围之内。在调整时,主要以调整垫铁为主,必要时可稍微改变导轨上的镶条和预紧滚轮等。

(2)调整机械手和主轴、刀库的相对位置

用手动方式分步进行刀具交换动作,检查抓刀、装刀、拔刀等动作是否准确恰当。调整中,采用校对检验进行检测,有误差时可调整机械手的行程或移动机械手支座或刀库位置等。

(3)调整交换工作台

带 APC 交换工作台的机床要把工作台运动到交换位置,调整托盘沿与交换台面的相对位置,达到工作台自动交换时动作平稳、可靠、正确。然后在工作台面上装上 70%~80%的允许负载,进行多次自动交换动作,达到正确无误后紧固各有关螺钉。

(4)调整参数

仔细检查数控系统和 PLC 装置中参数设定值是否符合随机资料中规定数据,然后试验各主要操作功能、安全措施、常用指令执行情况等。例如,各种运动方式(手动、点动、自动方式等),主轴换挡指令,各级转速指令等是否正确无误。

(5)机床试运行

数控机床在安装调试后,应在一定负载或空载下进行较长一段时间的自动运行考验。国家标准 GB9061-88 中规定:自动运行考验的时间,数控车床为连续运转 16 小时,加工中心为连续运转 32 小时。在自动运行期间,不应发生除操作失误引起以外的任何故障。如故障排除时间超过了规定时间,则应调整后再次重新进行运转考验。

6. 数控设备的验收

对于新购置的数控设备,都要对数控装置以及与其配套的进给、主轴伺服驱动单元进行安装、调试及验收。一般可按以下步骤进行。

(1)机床性能及数控功能的检验

1)机床性能的检验。机床性能主要包括主轴系统性能,进给系统性能,自动换刀系统、电气装置、安全装置、润滑装置、气液装置及各附属装置等性能。不同类型的机床的检验课题有所不同。数控机床性能的检验与普通机床基本一样,主要是通过"耳闻目睹"和试运转,检查各运动部件及辅助装置在起动、停止和运行中有无异常现象及噪声,润滑系统、冷却系统以及各风扇等工作是否正常。

2)数控功能的检验。数控系统的功能随所配机床类型有所不同,数控功能的检测验收要按照机床配备的数控系统的说明书和订货合同的规定,用手动方式或用程序的方式检测该机床应该具备的主要功能。数控功能检验主要内容有:

表 6-4　数控功能的检验

数控功能	主要内容
运动指令功能	检验快速移动指令和直线插补、圆弧插补指令的正确性
准备指令功能	检验坐标系选择、平面选择、暂停、刀具长度补偿、刀具半径补偿、螺距误差补偿、反向间隙补偿、镜像功能、自动加减速、固定循环及用户宏程序等指令的准确性
操作功能	检验回原点、单程序段、程序段跳读、主轴和进给倍率调整、进给保持、紧急停止、主轴和冷却液的起动和停止等功能的准确性
CRT 显示功能	检验位置显示、程序显示、各菜单显示以及编辑修改等功能的准确性

数控功能检验的最好办法是自己编一个考机程序,让机床在空载下连续自动运行 16 小时或 32 小时。考机程序包括以下内容:

表 6-5　考机程序内容

数控功能	主要内容
主轴转动	包括标称的最低、中间和最高转速在内的五种以上速度的正转、反转及停止运行
各坐标运动	包括标称的最低、中间和最高进给速度及快速移动,进给移动范围应接近全行程,快速移动距离应在各坐标轴的全行程的 1/2 以内
自动加工	一般自动加工所用的一些功能和代码要尽量用到
自动换刀	应至少交换刀库中三分之一以上的刀号,而且都要装上重量在中等以上的刀柄进行实际交换
特殊功能	如测量功能、APC 交换和用户宏程序等

用考机程序连续运行,检查机床各项运动、动作的平稳性和可靠性,并且要强调在规定时间内不允许出故障,否则应在修理后重新开始规定时间考核,不允许分段进行累计到规定运行时间。

(2)机床精度的验收

机床精度验收工作是在机床安装、调试好后进行。检测内容主要包括几何精度、定位精度和切削精度。

1)机床几何精度的检验。数控机床的几何精度是综合反映该机床的各关键零部件及其组装后的几何形状误差。目前国内检测机床几何精度的常用检测工具有精密水平仪、精密方箱、直角尺、平尺、平行光管、千分表、测微仪、高精度检验棒等。检测工具的精度必须比所测的几何精度高一个等级。每项几何精度的具体测量方法可按 JB2674-82《金属切削机床精度检测通则》、JB4369-86《数控卧式车床精度》、JB/T8771.1-7-1998《加工中心检验条件》等有关标准的要求进行,亦可按机床出产时的几何精度检测课题要求进行。

机床几何精度的检测必须在机床精调后一次性完成,不允许调整一次检测一次。因为几何精度有些课题是相互联系相互影响的。同时,还要注意检测工具和测量方法造成的误差。

2）机床定位精度的检验。数控机床定位精度，是指机床各坐标轴在数控装置控制下运动所达到的位置精度。数控机床的定位精度主要检测以下内容：

①直线运动定位精度。直线运动定位精度一般在空载条件下测量，按照国际标准应以激光测量为准。如果没有激光干涉仪，对于一般的用户来说，也可以用标准刻度尺，配以光学读数显微镜进行比较测量，但测量仪的精度必须比被测的精度要高 1～2 个等级。

②直线运动重复定位精度。是反映轴运动稳定性的一个基本指标。对于一般用户只需选择行程的中间和两端任意三个点作为目标位置，分别对各目标位置从正、负两个方向进行五次定位。

3）数控机床切削精度检验。数控机床的切削精度检验，又称为动态精度检验，其实质是对机床的几何精度和定位精度在切削时的综合检验。切削精度检验可分单项加工精度检验和加工一个标准的综合性试件精度检验两种。以数控卧式车床为例，单项加工精度包括外圆车削、端面车削和螺纹切削。

①外圆车削。外圆车削试件，试件材料为 45 钢，切削速度为 $100～150\ m/min$，背吃刀量为 $0.1～0.15\ mm$，进给量小于或等于 $0.1\ mm/r$，刀片材料为 YW3 涂层刀具。机床试件长度取床身上最大车削直径的 1/2，或最大车削长度的 1/3，最长为 500 mm，直径大于或等于长度的 1/4。精车后圆度小于 0.007 mm，直径的一致性在 200 mm 测量长度上小于 0.03 mm（机床加工直径小于或等于 800 mm）。

②端面车削。精车端面的试件。试件材料为灰铸铁，切削速度为 100 m/min，背吃刀量为 $0.1～0.15\ mm$，数控机床进给量小于或等于 $0.1\ mm/r$，刀片材料为 YW3 涂层刀具。试件外圆直径最小为最大加工直径的 1/2。机床精车后检验其平面度，300 mm 直径上为 0.02 mm，只允许凹。

③螺纹切削。精车螺纹试验的试件。螺纹长度要大于或等于 2 倍工件直径，数控机床但不得小于 75 mm，一般取 80 mm。机床螺纹直径接近 Z 轴丝杠的直径，螺距不超过 Z 轴丝杠螺距之半，可以使用顶尖。精车 60 度螺纹后，在任意 60mm 测量长度上螺距累积误差的允差为 0.02 mm。

④综合试件切削。材料为 45 钢，有轴类和盘类零件，加工对象为阶台、机床圆锥、凸球、凹球、倒角及车槽等内容，检验课题有圆度、数控机床直径尺寸精度及长度尺寸精度等。

机床在完成开箱验收、功能试验、空运转试验、负荷试验，加工出合格产品后，即可办理验收移交手续，表 6-6 为设备安装验收单，如有问题，制造厂应负责解决。

表 6-6　设备安装验收情况记录表

设备名称	型号规格		制造厂		出厂日期		出厂编号	
合同号	资料编号		设备编号		安装日期		验收日期	

设备价值(元)		技术文件(本)		附属电气、仪器、设备			
				序号	名称	型号规格	数量/单位
1	出厂原值	1		1			
2	运杂费用	2		2			
3	安装费用	3		3			
4	地基费用	4		4			
5		5		5			
6		6		6			
7		7		7			
8		8					
合计							

设备附件及工具				安装调试及试运转记录
序号	名称	规格	数量	
1				
2				
3				

参加交接人员	安装单位	验收单位	设备部门	财务部门

评分标准

表 6-7

组别:　　　　考件号:　　　　考核日期:　　　年　　月　　日

序号	考核内容	配分	得分	备注
1	基本操作	85		
2	现场考核	15		
合计		100		

考试时间:90分钟

表 6-8 数控机床切削精度检测、验收评分记录表

序号	检测内容		允许误差/mm	实测误差	配分	得分
1	镗孔精度	圆度	0.01		5	
2		圆柱度	0.01/100		5	
3	端铣刀平面精度	平面度	0.01		5	
4		阶梯度	0.01		5	
5	端铣刀侧面精度	垂直度	0.02/300		5	
6		平行度	0.02/300		5	
7	镗孔孔距精度	X 轴方向	0.02		5	
8		Y 轴方向	0.02		5	
9		对角线方向	0.03		5	
10		孔径偏差	0.01		5	
11	立铣刀铣削四周面精度	直线度	0.01/300		5	
12		平行度	0.02/300		5	
13		垂直度	0.02/300		5	
14	两轴联动铣削直线精度	直线度	0.015/300		5	
15		平行度	0.03/300		5	
16		垂直度	0.03/300		5	
17	立铣刀铣削圆弧精度	圆度	0.02		5	

考评员： 年 月 日

表 6-9 现场考核情况评分记录表

序号	考核内容	考核要求	配分	评分标准	得分
1	安全文明	正确执行安全技术操作规程做到工地整洁,工件、工具摆放整齐	5	造成重大事故,考核全程否定	
2	设备使用	机床整洁无杂物,机床四周无杂物	5	违规扣 3～5 分	
3	工量具使用	正确使用工量具	5	违规扣 3～5 分	
合计			15		

课题二 数控设备的维护保养

任务引入

负责对某公司数台加工中心进行维护、保养工作,使设备保持良好状态,及时发现和消灭故障隐患,从而保证安全运行。

任务分析

只有坚持做好对机床的日常维护保养等工作,才可以延长元器件的使用寿命,延长机械部件的磨损周期,防止意外恶性事故的发生,争取机床长时间稳定工作,也才能充分发挥数控机床的加工优势,达到数控机床的技术性能,确保数控机床能够正确工作,因此,这无论是对数控机床的操作者,还是对数控机床的维修人员来说,数控机床的维护与保养就显得非常重要,我们必须高度重视。

数控设备种类繁多,各类数控机床因其功能、结构及系统的不同,各具有不同的特性。其维护保养的内容和规则也各有其特色,具体应根据其机床种类、型号及实际使用情况,并参照机床使用说明书要求,制定和建立必要的定期、定级保养制度。为有效做好数控设备的维护保养工作,本课题从对现场设备的性能、精度、润滑、完好运行情况和设备安全等情况,分别制定数控设备的日常检查、巡视检查和专项检查三项维护保养制度。当然任何形式的检查都是以保持设备性能和精度为目的的,如果能将各种形式的检查与保养评比工作有机地结合起来,将极大推动数控设备的管理工作。

任务实施

一、数控设备的日常检查

日常检查是由操作工人和维修工人每天按照规定的时间、标准和要求,对设备进行有无异常异响、能否正常运转、是否安全可靠等内容的检查。检查方法是利用人的感官或诊断仪器,通过听、看、触、嗅、摸及简单的工具或装在设备上的仪器仪表、信号或色带标志(如压力、温度、电流、电压的检测仪表、温度色标和油标等),判断设备的技术状态,及时发现设备的缺陷和隐患,并采取措施,防止发生突发故障,减少设备故障停机损失。

点检卡的内容应包括检查课题、检查方法、判别标准,并以各种符号进行记录。它需要企业根据自己实际情况制定,并不断完善。点检卡的内容不应流于形式,或者为了做点检而点检。点检卡是作为设备预防性维护使用的,合理确定检查点是提高点检效果的关键,它本身是个不断添加和删减的修正过程,一般半年或一年就应对其进行一次修订。如果本公司被检查的部位长期(例如1～2年)没有出现过异常,并且同类设备情况都是这样,那么就取消这个检查点(涉及安全及保险装置除外)。反之,如果经常出现异常或进行维修的部位却未列入点检范围,未能做到及时发现问题,就应该加上这个检查点,所以点检卡的内容及周期应在执行中不断地及时调整。在切实做好检查的情况下,根据检查结果、反馈信息,及时进行维护和保养工作,使点检能达到切实的效果和作用。表 6-10 中列出的检查内容,供企业在对一般机器设备日常检查中参考使用。将每次检查的情况填入表格内,如:正常为"√",异常为"△",待修为"×",修好为"●"。

表 6-10 设备日常检查卡

设备编号	设备名称	型号	所在车间	操作者	维修者

执行人	设备状态		日常检查内容	故障及异常情况处理
操作工人	开机前检查	准备	(1) 各加油点是否加油,有无漏油	
			(2) 防护装置是否齐全	
			(3) 手操作各部分是否正常	
		空运转	(1) 是否有异常声音或振动	
			(2) 回转部位有无罩盖	
			(3) 各种指示灯是否正常	
			(4) 导轨面润滑油是否正常	
			(5) 仪表(空气压力,油温等)是否正常	
	运行中检查	机械部分	(1) 夹紧部分是否正常	
			(2) 有无异音、温升、振动	
			(3) 皮带松紧程度	
			(4) 润滑是否正常	
			(5) 安全限位开关是否正常	
		刀具工件	(1) 刀具是否符合要求	
			(2) 加工件安装是否正确	
			(3) 工件堆放是否正确	
	停机后检查	机械部分	(1) 电源、气源是否已切断	
			(2) 各手柄开关是否在空位	
		设备与工作地	(1) 铁屑是否已清除	
			(2) 设备是否已清扫	
			(3) 工作地是否已整理	

专业维修 （巡检）人员	维修区内 分管设备	（1）听取操作工人对设备问题的反映	
		（2）复查反映问题、排除缺陷	
		（3）对设备重要部位进行监测	
		（4）监督正确使用设备	
		（5）查看油位、补充油量	

对在日常检查中发现的问题，一般可通过以下途径加以解决：

（1）经简单调整、修理就可解决的一般问题，由操作工人自己解决。

（2）难度较大的故障隐患，由进行巡回检查的维修工人加以解决，或通过班组设备员与维修部门联系，由专业维修工人进行排除。

（3）经车间设备管理人员确定，认为维修工作量较大而又暂不影响设备使用的故障隐患，由车间维修组安排计划维修加以解决，或上报设备管理部门协助解决。

二、数控设备的巡视检查

由于数控设备的高速发展，越来越多的数控设备被更多的厂家采用，越来越多的新技术被运用于其中，数控本身是个新型和不断发展的专业，现在很多企业的操作人员从事数控设备操作的时间并不长，还不具备发现异常或故障的能力，而且各个厂家设计、制造、采用的元器件有很大差异，因此必须由专业维护人员进行设备的巡检。由于专业人员所具备的技能、检查方式和检查课题不同，更能发现设备的异常情况，通过操作人员和专业人员的双重检查来切实发现设备隐患，减少停机时间。每个企业应安排专业人员每天定时（一天至少一次）对所有设备进行检查并做好巡检记录，其主要内容如表 6-11 所示。

表 6-11　设备巡检表

设备编号：	设备名称：	巡检日期：
1	巡检课题	巡检内容
2	交接班记录	
3	各轴回零开关	
4	设备故障报警内容和代码	
5	设备监视画面上负载	
6	各轴电机温度等情况	
7	液面高度	
8	导轨润滑情况	
9	集中润滑装置有效性检查	
10	各风扇工作情况	
11	主轴油冷机组运行情况	
12	安全限位开关可靠性	
13	紧固件连接情况等	

通过长期有效的检查,以及维修数据的收集记录,将为我们编制设备定期保养计划提供有力依据,对防范和制止故障的发生提供依据,也使每次的计划保养更具有针对性和有效性。设备操作人员负责对本岗位使用设备的所有巡检点按照点检卡进行检查,专业维修人员则要负责对重点和关键设备的巡视检查任务。一般情况下公司应根据设备的多少和复杂程度,确定设置相应的专职巡检工的人数和具体人员,专职巡检人员应对本企业设备相当熟悉,具备一定的设备维修能力和检查技能,同时应具备机械、电气、液压等相关综合技能。其工作职责除负责重要的巡检点之外,还要全面掌握设备运行动态,并做好相关的数据记录和分析。

三、数控设备的专项检查

专项检查是指专业维修工人按照计划和规定的检查周期,或发现的特定异常情况,根据检查标准,用人的感官和检测仪器对设备的某个功能或部位、部件进行的比较全面的检查和测定。专项检查的目的是查找设备是否有异常变化,掌握零部件的实际磨损情况,以便确定是否进行修理。专项检查可以是对设备的几何精度的检查、定位精度检查、泄漏源检查、液压站情况检查等,甚至可以是在检查或维修中,发现某个部位有异常而对所有类似的设备进行检查。通过专项检查可以对平时操作人员的点检保养情况、专业人员的巡查质量、维修质量等做一个比较客观的评判,对检查中发现的问题,应及时进行调整,并有目的地做好下次修理前的各项准备工作。

专项检查中的一个主要内容就是对机器设备的定期性能检查和定期精度检查。定期性能检查是针对主要生产设备(包括重点和关键设备)进行性能测定,检查设备的主要精度和工艺性能有无异常、有无劣化以及是否存在问题,例如有无异响、振动、串动,能否保证产品要求的加工精度,设备零部件有无损坏,附件是否齐全,电气系统、安全装置是否灵敏可靠等,同时还要测量设备的安装水平有无变化,是否影响加工精度,通过相关数据了解设备精度的劣化速度和情况,掌握设备在运动状态下某些精度、性能的变化规律,以便采取相应的措施保持设备的规定性能。

一般新设备在投产后的 2~3 个月内应该对水平进行一次复查并调整和紧固地脚螺栓;在投产后的第 6 个月进行一次几何精度复检;此后应每一年进行一次几何精度和定位精度的检查。定位精度可以根据情况一年或一年复检一次。检查内容一般依据设备精度出厂标准进行,其具体内容可参考说明书或有关资料提供的精度标准,由于出厂精度表中规定了设备所有安装、运动部位的出厂精度要求,内容较多,企业可根据本身实际情况选取其中对加工产品质量、设备精度性能有直接影响的几项进行测量。除性能和精度检查外,还可以对设备能力进行检测,用工序能力指数和机床的精度指数来判断设备的状态和性能。设备能力检测主要是对工序的机械设备(包括工、夹、刀、磨具等在内)所具有稳定生产某种产品的能力进行检查和评判,也是体现工序能力的一个重要方面,也作为设备能力鉴定和预防性维护保养的依据之一,是产品公差范围与工序能力(仅由机械设备所引起的质量波动的特性值)的比值,通过它可以清楚地了解设备的实际加工能力。在很多情况下都要进行机器能力系数测试,除非是在最终认可以前证明新设备是合格的,或者已经确定工序中新发现的造成工序异常波动的原因。

通过定检经常可以快速及时地掌握设备在生产中的技术状态,如表 6-12 所示。检查课题为设备主要机构的精度要求,包括机床几何精度或动态精度、运转性能、加工产品精度情况等,以此提早发现设备的缺陷和隐患,并编制对策及时排除,同时作为编制设备维修计划的主要依据。

表 6-12　设备定期检查卡

××厂		××机床定期检查卡					操作者
××车间		设备编号	型号规格	检查间隔期六个月			
检查课题	检查内容	检查方法	判断标准	检查日期及记录			
				年月日	年月日	年月日	年月日
润滑	各导轨面的润滑状态	目视	有油膜				
	油箱的油质及油量	目视,接触	符合规定				
	油窗、油嘴、油路状态	目视	完好、明亮				
损伤	工作台走刀丝杠有无磨损	目视	正常				
	导轨有无拉伤、磨损	目视	正常				
	分度齿轮有无磨损	目视	正常				
	主轴套筒有无磨损	目视	正常				
压力	油泵的工作压力是否正常、平稳	试运转、目视	符合规定				
泄漏	液压系统及润滑油有无泄漏	目视	无泄漏				
	冷却液管路有无泄漏	目视	无泄漏				
工作	进给动作是否灵活、可靠	试运转	灵活、可靠				
	液压分度装置是否正确可靠	试运转	正确、可靠				
异音	主轴及齿轮箱运转时有无异常	耳听	无				
	油泵工作时有无异音	耳听	无				
松动	主轴运转有无松动	接触	无				
温度	主轴套筒的温度情况	接触	正常				
安全	安全锁紧装置是否牢固、可靠	试	牢固、可靠				
	接地装置是否紧固、良好	接触	良好				
其他	电动机有无不正常发热	接触	无				
	动力线路绝缘	万能表	在 0.2M 以上				

记录符号,完好"√",异常"△",待修"×",修好为"●"。

表 6-13 设备定期精度检查鉴定卡

车间： 设备名称： 型号： 设备编号： 检验周期： 编号：

	检查课题	许可差	实际测量值				
			年月	年月	年月	年月	年月
1	床身导轨的直线度(纵向)	0.02/1000 0.025/1500 0.03/2000					
2	床身导轨的直线度(横向)	0.02/1000 0.025/1500 0.03/2000					
3	尾座套筒轴线移动的平行度	0.0075/150					
4	旋转式尾座顶尖的跳动	0.015					
5	主轴周期性轴向窜动	0.01					
6	定位精度 X	0.011					
7	定位精度 Z	0.012/750 0.015/1000 0.02/1500 0.04/2000					
8	重复定位精度 X	0.006					
9	重复定位精度 Z	0.007/750 0.008/1000 0.012/1500 0.016/2000					
10	反向间隙 X	0.006					
11	反向间隙 Z	0.012					
检验人签字：							
操作者签字：							
结论：							

评分标准

表 6-14

组别： 考件号： 考核日期： 年 月 日

序号	课题名称	配分	得分	备注
1	日常保养考核	30		
2	一级保养考核	45		
3	二级保养考核	25		
合计		100		

考试时间:90 分钟

表 6-15　设备日常保养评分记录表

考核内容	序号	考核要求	配分	得分
整机外观	1	机床外观清洁、无油污、无灰尘、呈现本色	2	
	2	机床床身、床肚、床脚、尾架内无隔日铁屑、灰尘和杂物	2	
	3	机床外表无缺损、盖板、信号灯、电器管道等完整无损	2	
主活动面	1	机床导轨及各滑动面应保持清洁、无锈迹、无黑斑、无损伤	2	
	2	导轨面上的堆积铁屑应及时清扫	2	
	3	钻杆、各套筒内应清洁、无毛刺、无铁屑	2	
	4	丝杠、光杆、操纵杆等应随时清擦、无毛刺	2	
润滑情况	1	操作者使用的油壶、油枪应齐全、清洁完好	2	
	2	操作者每日应按润滑图表,按时按量加油润滑	2	
	3	各导轨面应按要求做好润滑工作	2	
	4	油孔、油咀应清洁,无堵塞、无损坏	2	
	5	油线、油毡应按时清先,无发硬失效现象	2	
生产场地	1	工具、量具、加工工件放在合理位置,不得直接放在导轨上	2	
	2	四周场地应随时做好清洁工作	2	
	3	机床四周无积水、积油,堆积的铁屑应及时清扫	2	
	4	操作者应严格遵守安全操作规程,不违章作业	2	
合计			30	

表 6-16　一级保养评分记录表

序号	考核要求	配分	得分
1	清洗机床外表及各罩盖,保持内外清洁,无锈蚀、无油污	3	
2	清洗丝杠、光杠和操纵杆	3	
3	检查并补齐螺钉、手柄球、手柄	3	
4	清洗滤油器,使其无杂物,过滤润滑油	3	
5	检查主轴并检查螺帽有无松动,紧定螺钉是否锁紧	3	
6	清洗刀架,调整中、小拖板塞铁间隙	3	
7	检查轴套有无磨损或晃动现象	3	
8	清洗尾座,保持内外清洁	3	
9	清洗冷却泵,清洗润滑系统的滤油器,盛液盘	3	
10	检查油路畅通,油孔、油绳、油毡清洁无铁屑	3	
11	检查油质和冷却液,保持其良好的情能,油杯齐全,油窗明亮	3	

序号	考核要求	配分	得分
12	各电器装置应齐全,好用	3	
13	清扫电动机、电箱	3	
14	机床附件、工具、量具、应放在合理位置	3	
15	机床四周无积水、积油,无铁屑	3	
合计		45	

表 6-17 二级保养评分记录表

序号	考核要求	配分	得分
1	擦洗设备外观各部位,达到一级保养要求;	5	
2	拆洗零部件,调整各部件的配合间隙,齿轮啮合间隙符合要求	5	
3	检查清洗各部箱体,各箱内清洁,无积垢杂物,更换磨损件,测绘备件,提出下次修理备件	5	
4	调整床身、床头箱、溜板箱及主轴精度,达到满足工艺要求	5	
5	检查电器各部件,达到一级保养要求	5	
合计		25	

课题三 数控设备的现场管理

任务引入

某高校现代制造业中心,为建设高水平、高效益生产性实训基地,在生产过程中培养学生的职业技能,从而提高学生职业能力。希望从 5S 基础管理抓起,全面提升数控实训现场管理水平。

任务分析

1. 什么是5S

"5S"是整理(Seiri)、整顿(Seiton)、清扫(Seiso)、清洁(Seiketsu)和素养(Shitsuke)这 5 个词的缩写,因为这 5 个词日语中罗马拼音的第一个字母都是"S",所以简称为"5S"。"5S"管理起源于日本,是指在生产现场中对人员、机器、材料、方法等生产要素进行有效的管理,这是日本企业独特的一种管理办法,并在日本企业中广泛推行。

2. 为什么要实施"5S"

当前,随着我国经济发展方式的转变,精细化企业管理的进一步推进,对劳动者的职业素养提出更高要求。作为培养"职业人"的职业教育,通过推行"5S"管理,是提升学生职业素养的有效途径。推行"5S"管理,能引导师生亲力亲为,脚踏实地从身边小事做起,在创造令人愉悦的工作环境的过程中培养对工作的耐心、细心、爱心,增强归宿感,提升团队的向心力和凝聚力,提高团队成员的职业素养。推行"5S"管理,把先进的企业文化引入到校园文化中来,可以让学生产生"环境变则心态变,心态变则意识变,意识变则行为变,行为变则性格变,性格变则命运变"的效果;可以切实推进培养现代职业人的进程;可以让学生提前感知企业管理的先进理念,缩短对企业的适应期,增强职业竞争力。

🔘 任务实施

一、整理

把需要与不需要的人、事、物分开,再将不需要的人、事、物加以处理,这是开始改善生产现场的第一步。其要点是对生产现场的现实摆放和停滞的各种物品进行分类,区分什么是现场需要的,什么是现场不需要的;其次,对于现场不需要的物品,诸如用剩的材料、多余的半成品、切下的料头、切屑、垃圾、废品、多余的工具、报废的设备、工人的个人生活用品等,要坚决清理出生产现场,这项工作的重点在于坚决把现场不需要的东西清理掉。对于车间里各个工位或设备的前后、通道左右、厂房上下、工具箱内外,以及车间的各个死角,都要彻底搜寻和清理,达到现场无不用之物。坚决做好这一步,是树立良好作风的开始。日本有的公司提出口号:效率和安全始于整理!

整理的目的是:①改善和增加作业面积;②现场无杂物,行道通畅,提高工作效率;③减少磕碰的机会,保障安全,提高质量;④消除管理上的混放、混料等差错事故;⑤有利于减少库存量,节约资金;⑥改变作风,提高工作情绪。

图 6-4 "整理"现场

表 6-18 以某数控设备为例,说明整理活动的推行方法。

表 6-18　整理活动推行方法

对象	设备
划分需要与不需要的物品	1. 现有的生产设备是否在使用
	2. 完全闲置的设备是否不需要
	3. 闲置的设备经整修后是否能使用 （1）整修后能使用，结合维修费用给予判断 （2）整修后难以使用的应丢弃
决定需要物的数量	现有数量的设备是否需要给予检讨 （1）提高运转率以便消减设备台数 （2）制品定额以及对新产品给予估算，决定需要的台数 （3）因设计改善是否可集中有效应用 （4）判断投资效益，有效益予以实施；无效益维持现状
处理不需要的物品	1. 调整折旧年限
	2. 在设备账面上给予注销
	3. 折价出售或予以丢弃处理
	4. 不能判断是否可给予处理，则暂时置另外场所，视情况给予处理

二、整顿

把需要的人、事、物加以定量、定位。通过前一步整理后，对生产现场需要留下的物品进行科学合理的布置和摆放，以便用最快的速度取得所需之物，在最有效的规章、制度和最简捷的流程下完成作业。

图 6-5　"整顿"现场

整顿活动的要点是：①物品摆放要有固定的地点和区域，以便于寻找，消除因混放而造成的差错；②物品摆放地点要科学合理。例如，根据物品使用的频率，经常使用的东西应放得近些(如放在作业区内),偶尔使用或不常使用的东西则应放得远些(如集中放在车间某处);③物品摆放目视化,使定量装载的物品做到过目知数,摆放不同物品的区域采用不同的色彩和标记加以区别。

生产现场物品的合理摆放有利于提高工作效率和产品质量,保障生产安全。这项工作已发展成一项专门的现场管理方法——定置管理。

三、清扫

把工作场所打扫干净,设备异常时马上修理,使之恢复正常。生产现场在生产过程中会产生灰尘、油污、铁屑、垃圾等,从而使现场变脏。脏的现场会使设备精度降低,故障多发,影响产品质量,使安全事故防不胜防;脏的现场更会影响人们的工作情绪,使人不愿久留。因此,必须通过清扫活动来清除那些脏物,创建一个明快、舒畅的工作环境。

清扫活动的要点是:①自己使用的物品,如设备、工具等,要自己清扫,而不要依赖他人,不增加专门的清扫工;②对设备的清扫,着眼于对设备的维护保养。清扫设备要同设备的点检结合起来,清扫即点检;清扫设备要同时做设备的润滑工作,清扫也是保养;③清扫也是为了改善。当清扫地面发现有飞屑和油水泄漏时,要查明原因,并采取措施加以改进。

清扫的目的是:①清除脏物,保持职场内干净、明亮;②稳定品质;③减少工业伤害。

清扫的推行步骤:

(1)员工教育;

(2)制订清扫程序和方法实施区域责任制;

(3)从工作场所扫除一切垃圾灰尘;

(4)对污垢实行例行清扫和检查。

图6-6 "清扫"现场

四、清洁

整理、整顿、清扫之后要认真维护,使现场保持完美和最佳状态。清洁,是对前三项活动的坚持与深入,从而消除发生安全事故的根源,创造一个良好的工作环境,使职工能愉快地工作。

清洁活动的要点是:①车间环境不仅要整齐,而且要做到清洁卫生,保证工人身体健康,提高工人劳动热情;②不仅物品要清洁,而且工人本身也要做到清洁,如工作服要清洁,仪表要整洁,及时理发、刮须、修指甲、洗澡等;③工人不仅要做到形体上的清洁,而且要做到精神上的"清洁",待人要讲礼貌、要尊重别人;④要使环境不受污染,进一步消除浑浊的空气、粉尘、噪音和污染源,消灭职业病。

清洁的目的是整理、整顿、清扫的成果。

图 6-7　"清洁"现场

五、素养

素养即努力提高人员的修身,养成严格遵守规章制度的习惯和作风,这是"5S"活动的核心。没有人员素质的提高,各项活动就不能顺利开展,开展了也坚持不了。所以,抓"5S"活动,要始终着眼于提高人的素质。

图 6-8　"素养"现场

1. 数控设备对操作人员素质的要求

数控设备操作人员要严格遵守操作规程和日常维护制度,操作人员的技术业务素质的优劣是影响故障发生频率的重要因素。据统计,有三分之一的故障是人为造成的,当机床发生故障时,操作者要注意保留现场,并向维修人员如实说明出现故障前后的情况,以利于分析、诊断出故障的原因,及时排除。而且一般性维护(如注油、清洗、检查等)是由操作者进行的,解决的方法是:强调设备管理、使用和维护意识,加强业务、技术培训,提高操作人员素质,使他们尽快掌握数控机床的性能,严格执行设备操作规程和维护保养规程,保证设备运行在合理的工作状态之中。

2. 数控设备对维修人员素质的要求

数控设备是技术密集型和知识密集型机电一体化产品,其技术先进、结构复杂、价格昂贵,在企业和生产上往往起着关键作用,因此对维修人员有较高的要求,他们必须具备以下条件:

(1) 专业知识面广

数控机床故障原因往往不是显而易见的,它要求维修人员既要懂电、又要懂机械和数控机床涉及的各种技术,在众多的故障原因和现象中做出正确的分析和判断。一般要求具有中专以上文化程度,掌握或了解计算机原理、电子技术、电工原理、自动控制与电力拖动、检测技术、液压和气动技术、机械传动及机加工工艺方面的基础知识,同时掌握数字控制、伺服驱动及 PLC 的工作原理,懂得 NC 和 PLC 编程以及工艺编程。

(2) 具备一定的专业英语阅读能力

很多进口数控设备的数控系统和操作面板、CRT 显示屏、随机技术资料和报警代码基本都用英文表示,不懂英文就无法阅读这些重要的技术资料,无法通过人机对话,操作数控系统,甚至无法根据报警提示的内容进行故障排除。所以,一个称职的数控维修人员必须努力培养自己的英语阅读能力。

(3) 勤于学习,善于分析

数控维修人员应该是一个勤于和善于学习的人,他们除要求有较广的知识面外,还需要对数控机床和系统有深入的了解。要读懂众多数控系统技术资料并不是一件轻而易举的事,数控系统型号多、更新快,不同制造厂、不同型号的数控系统往往差别很大。一个能够熟练维修 FANUC 数控系统的人不见得会熟练排除 SIEMENS 系统所发生的故障,因而必须刻苦钻研,边学边干,才能真正掌握。

(4) 有较强的动手能力和实验技能

数控系统的修理离不开实际操作,维修人员应会动手对数控系统进行操作,查看报警信息,检查、修改参数,调用自诊断功能,进行 I/O 接口检查;应会编制简单的典型加工程序,对机床进行手动和试运行操作;应会使用维修所必需的工具、仪表和仪器。

(5) 胆大心细、敢于创新

对数控维修人员来说,胆大敢于动手,又心细有条理是非常重要的。只有敢于动手,才能深入理解系统原理、故障机理,才能一步步缩小故障范围,找到故障原因。另外在动手检修时，要先熟悉情况、后动手，不盲目蛮干；在动手过程中要稳、要准。

（6）具备培训能力

对于数控维修人员来说，长时间在生产现场，无论是在维修、维护过程中，还是在专业巡检和各项检查中，都会发现操作人员不按照操作或安全规程操作使用设备、不按保养规程保养设备或其他不恰当的行为，就需要维修人员及时在现场对操作人员进行相关的培训。

3. 数控设备对管理人员要求

（1）知识结构

数控设备管理人员除应具备维修人员的基本技能外，还应熟悉数控行业相关标准，有一定的财务和统计知识。

（2）管理技能

具有较强的组织管理能力。设备管理本身是一个系统工程，涉及很多方面，因此实现有效的管理需要其具有较强的管理和组织能力。

（3）统计和分析能力

设备的统计和分析是科学地、系统地、确切地反映设备全过程在企业中的动态情况，及时为设备各阶段管理提供管理方向，向企业提供规划、决策、选型、使用、维修、改造、更新、制造等技术资料，提高设备的可靠性、维修性、经济性、合理性，不断增加企业的经济效益。从众多的设备检查记录、各种指标中发现设备存在的问题，是每个设备管理人员应具备的基本技能。设备检查的记录是掌握设备技术状态，编制设备维修计划的主要依据，必须及时整理分析，充分利用。

（4）沟通能力

在企业推行点检、日保和周保等全员维修初期，在对设备事故处理和分析中，在设备故障分析中，在企业内部各部门的协调和事务处理中都需要设备管理人员具备一定的沟通能力。

（5）培训能力

在数控设备技术快速发展和新技术、新工艺不断应用的情况下，就需要维修和保养人员具备相应得培训能力，通过日常的检查、保养和维修过程等来对操作人员讲解和培训相关知识，使其能适应设备维护和点检的需要。同时对设备操作失误的分析，也可看出，设备维修和管理人员现场培训、干预的重要性。

（6）成本控制能力

对于设备管理人员来说，管理的是设备全过程的固定资产投入费用和维持费用，其金额在任何企业都是绝对值很高的，因此如何有效控制和降低设备前期和后期的维持费用，是每个设备管理人员应具备的一个基本技能。

实施"5S"管理，最重要的，也是最难的，是每个人都要和自己头脑中的习惯势力做最坚决、最彻底的斗争。这一点说起来容易，做起来很难。不好的工作习惯，不是一天形成的，也不可能一天改正。每天一次 3 至 5 分钟的"5S",每周末一次 15 分钟"5S",每月一次半小时"5S",每年底一次两小时"5S",这样从不间断地坚持下去,文明生产即可上一个崭新的台阶,产品的质量即可提高到更新更高的水平。

评分标准

表 6-19

组别:　　　　　考件号:　　　　　考核日期:　　　　年　　月　　日

序号	考核名称	配分	得分	备注
1	1S 整理:区分需要与不需要的材料和物品	16		
2	2S 整顿:定位定容定量,定标识	16		
3	3S 清扫:良好习惯,维护,维修	20		
4	4S 清洁:标准化并维持前 3S 的成果	16		
5	5S 素养:养成良好习惯,提高自身修养	12		
6	其他管理	20		
合计		100		

考试时间:120 分钟

表 6-20　现场管理评分记录表

序号	5S 管理	考核内容	考核分值	考核标准	考核分
1	整理	实训区域内的物品是否有用	4	容器、清洁工具、图纸、文件夹、柜子、工作台、实训台、椅子、桌子、材料、垃圾桶等是否整理,按要求完成得 4 分,一处不合格扣 1 分	
2		实训区域内的设备或辅助工具是否有用	4	运输工具、清洁设备、借用设备、仪表架、测量设备、辅助工具等是否整理,按要求完成得 4 分,一处不合格扣 1 分	
3		实训现场的材料是否已被整理	4	掉落的零件、包装材料、空桶、罐、样品、标准间、金属零件等不需要的物质是否整理,按要求完成得 4 分,一处不合格扣 1 分	
4		现场的信息是否已被整理	4	公告、工作说明书、辅助工作材料、路线方针、工作结果是否整理,按要求完成得 4 分,一处不合格扣 1 分	

5	整顿	实训区域内所有可轻易移动的物品是否已定位	4	工作台面、量具、标准件、手推车、信息版等定点定位。按要求完成得4分，一处不合格扣1分	
6		实训区域内的物品是否都有相适宜的存放容器	4	工件有合适的位置容器存放、看板卡或流程卡使用、实训易耗品的放置、样件与标准件的放置。按要求完成得4分，一处不合格扣1分	
7		实训区域是否已明确标示，是否按照标准粘贴	4	信息版内容及时更新，按要求完成得4分，一处不合格扣1分	
8		现场是否维持2S的成果，电源线是否已整理好	4	物品放在指定的位置、掉落的标识及时更新、现场没有杂乱无章或抛落在地面的电源线等。按要求完成得4分，一处不合格扣1分	
9	清扫	实训设备表面及周围是否仔细清扫而没有脏污	4	油、油脂、漆、灰尘、垃圾按要求清扫，完成得4分，一处不合格扣1分	
10		工作用品是否保持干净，实训区域内设备以外的地方是否仔细清扫而没有脏污	4	工具、量测仪器、工作台面、地面、墙面、文件柜、工具柜、辅助工具、手推车、货架、清洁工具保持干净，按要求完成得4分，一处不合格扣1分	
11		是否调查污染源，确定根本原因，分析并采取相关的措施予以杜绝或隔离，从而消除主要问题	4	油盘的积油、切削液、油泥、污垢按要求清除，完成得4分，一处不合格扣1分	
12		清扫计划或者自主点检表是否按标准执行	4	在规定的时间内清扫，维管主管及时确认点查表，按要求完成得4分，一处不合格扣1分	
13		现场是否进行维修、维护	4	实训设备、设施出现问题，及时维修维护和跟踪，按要求完成得4分，一处不合格扣1分	
14	清洁	是否已建立并执行前3S（整理、整顿、清扫）的标准化	4	将实训区域进行划分，指定相关责任人，定期实施整理、整顿、清扫计划，按要求完成得4分，一处不合格扣1分	
15		改善前后的活动内容是否已被归纳、记录	4	维管主管归档相关实训室设备交接、使用记录，按要求完成得4分，一处不合格扣1分	
16		信息版是否处于已经更新的状态	4	信息版上无过期得文件，已完成相关文件归档，按要求完成得4分，一处不合格扣1分	
17		5S自我审核是否得到定期实施，并及时对审核中产生的问题跟踪	4	5S自我审核的信息及时更新，并及时将产生的审核资料传达到实训运行部，按要求完成得4分，一处不合格扣1分	

18		实训区域内所有人员是否遵守实训基地的相关规定	4	穿着得体、仪表整洁,佩戴员工卡,私人物品不随意摆放在实训区域内。按要求完成得4分,一处不合格扣1分	
19	素养	实训区域内所有人员是否遵守实训基地的相关纪律	4	遵守作息时间,对实训室(区域)加强巡视,实训现场不缺岗,按要求完成得4分,一处不合格扣1分	
20		维管主管和工作人员一起是否安排每周的5S自检活动	4	参照或采取5S自我审核的方式及5S检查表,推荐实行本维管单位不同岗位的自检,设定维管实训区域内的5S标准状态,达到目标后在对现状维持的前提下,不断提高状态的标准,按要求完成得4分,一处不合格扣1分	
21		每周填报《实训情况记录表》,每一轮实训结束后,会同实训教师、班主任等及时填写《设备交接记录》	4	按要求完成得满分。没缺一份扣1分	
22	其他	配合做好实训单位管理工作,加强实训设备运行维护管理,确保实训设备安全、可靠运行和有效使用,设备完好率达90%以上	5	全部达到要求得满分。设备完好率每低5%扣2分	
23		按协议要求,实训基地每天维管人员不少于3人	4	按要求完成得满分。实训现场抽查,每缺1人次扣2分	
24		确保实训设备安全、可靠运行和有效使用,设备利用率达70%以上	5	设备利用率达70%以上,按照"以维管带课题"的思路,推进维管工作,签订课题合作协议且有效推进得满分;有课题协议,不能有效推进不得分	
25		协助做好满意度调查、阶段性考核鉴定情况汇总及实训设备添置、更新计划制定工作	2	按要求完成得满分。每缺一份扣1分	

课题四 数控设备的闲置、调拨和报废

🧠 **任务引入**

为加强公司对数控设备闲置、调拨、报废工作的管理,提高数控设备的完好率、使用率,本着优化资源配置、增收节支的精神,制定《××公司数控设备闲置、调拨和报废暂行管理办法》。

任务分析

虽然购买数控机床作为一种投资行为是追求资产的增值,但是由于市场因素或产品的转型就会形成一定的数控设备的空闲。如何科学合理地管理和利用闲置数控设备,管理设备报废,达到经济效益最大化,需要设备管理者引起高度重视。同时做好闲置设备调剂利用、调拨和报废的管理工作,是各级设备管理机构的一项重要工作内容与职责。

任务实施

一、数控设备的调拨

设备企业内涉及不同部门和车间的移位和安装称为设备调拨。在调拨时必须遵循设备移装的分级管理原则办理报批手续,填写《设备调拨单》并存档。由于设备调拨是产权变动的一种形式,在进行设备调拨时应办理相应的资产评估和验证确认手续。

表 6-21 设备调拨单

No:

设备编号		设备名称	
型号规格		制造单位	
出厂日期		使用年月	
已使用年限		原　值	
净　值		成交价格	
调拨说明:			
该设备现由＿＿＿＿＿＿＿＿＿＿＿＿＿调往＿＿＿＿＿＿＿＿＿＿使用			
设备部意见:	财务部审核:		总经理批准:
签字:　　　　　日期	签字:　　　　　日期		签字:　　　　　日期

在调出设备时,设备的所有附件、专用备件和使用说明书等所有设备的信息、状态和维修保养等均随机一并移交给调入单位。

二、数控设备的闲置管理

闲置设备是指企业固定资产中连续停用一年以上或新购进厂两年以上不能投产或变更计划后不用但仍有使用价值的设备,或因设备自身功能的特殊性或其使用和租赁范围小的限制而造成利用率低下的设备均应属于闲置设备。

数控设备的闲置管理流程：

1. 清查

设备使用和管理部门应定期对所保管和占用的资产进行清查，如发现设备利用率不高时应会同生产、技术和设备管理部门，对产生的原因进行及时分析，进行相关记录，并填写"闲置设备登记表"，如表 6-22 所示。记录一式三份，分别保留在上述各个部门。

2. 提出申请

达到设备闲置规定的，由单元体或车间提出申请，报技术和设备部门。由技术工艺确定设备是否不能满足生产需求，确属闲置设备的，会同财务和设备部门进行确认，属实的办理设备闲置手续，退回设备管理部门，由设备管理部门管理和保管，同时贴牌进行标识。在保证质量，满足工艺要求和技术性能的原则下，有新建、扩建、技改课题的企业，应积极选用闲置设备。选用闲置设备节约的费用，不核减课题已批准的投资总额。

3. 加强维护保养与保管

企业对闲置设备，应按照公司规划，加强维护保养与保管，遵循数控设备特性，保证其良好的技术状况，防止丢失和避免设备长期存放造成不必要的损失。具体工作要求如下：

（1）所有闲置、积压设备，均应具有技术档案，对于存放时间过长而缺损技术档案的设备，要进行必要的检测，明确设备现有的质量和技术状况。

（2）对整机设备，不能任意拆卸缺损零部件的设备，有条件的应按规定配备。

（3）不符合现行国家标准或行业标准的数控设备，应重新进行检测或技术鉴定，能利用的要利用，需做补强的要进行补强处理或降级使用，可以改制的要改制利用，不能擅自作报废处理。

（4）长期存放、保管不善的设备，要解体清洗除锈，外观脱漆的要重新防腐涂漆，以保证内在与外观质量，并加以妥善保管。

（5）按照数控设备的特点定期跑合和通电，进行防锈处理，并每半年应对设备进行一次起动性维护。

（6）设备闲置后该设备的数据不再参与各项统计。

4. 加强管理

企业应加强闲置设备的管理，积极采取措施调剂处理闲置设备。企业设备管理部门负责闲置设备的技术管理，做好封存保管，防止拆卸丢失、锈蚀和损坏；企业财务部门负责闲置设备的财务监督与管理。认真做好闲置设备的统计工作，建立闲置设备统计报表制度。

5. 积极进行资产盘活

对长期闲置的设备应进行资产盘活的调研和可行性分析，以较经济的形式处理闲置设备，盘活部分或全部闲置设备资产。闲置设备的处理均应经过设备管理部门根据设备性能和市场价格估价并经公司主管经理批准后，以对外公开比价的方式或拍卖的方式确定高价后进行有偿转让。闲置设备转让后由设备管理部门负责及时办理设备销账手续；闲置转让申请、销售单、转账单等各种资料应齐全备考，并应注明机械编号。设备管理部门应建立闲置设备转让记录台账。

6. 资产管理

企业调剂出售闲置设备的变价收入,全部留给企业,用于设备更新改造,不得挪用。

7. 追究责任人

在对闲置设备的管理中应注意关注因为设备采购使用者原因造成的设备购进一年以上尚未正式使用的且金额较大的数控设备的管理,这也是一种闲置,在管理制度中要追究购置单位及主要负责人的责任并通报批评,并承担全部责任。

表 6-22　闲置设备登记表

申报单位(签章)　　　　　　　　　年　　月　　日　　　　　　　　　　　编号

设备编号	设备名称	规格型号	数量	单价	总价
闲置原因					
			申报人:		
单位负责人 意见		资产管理部 审批意见			
	签章:				签章:
主管 领导意见					

三、数控设备的报废

资产报废是指经由于严重的有形磨损或无形磨损或者经技术鉴定或按有关规定,已不能继续使用,必须进行产权注销的资产处理过程。设备报废一般均是因超过规定的寿命周期、主要性能和精度丧失或下降、技术落后,不能满足生产工艺要求和无法修复,且无法改造、经济上无修复价值或者经修理虽能恢复精度,但主要结构陈旧,经济上不如更换新设备合算时,就应及时进行设备报废处理,以便更换或设置新型设备,提高企业的装备技术水平,适应企业发展和竞争需要。

报废资产处理办法如下:

1. 提出书面报告,填写登记表

由使用部门负责人和保管人填报《固定资产报废申请单》,向设备部门提出资产报废的申请,在申请单中应明确报废设备的名称、数量、规格、单价、损失价值清册,以及申请报废的详细原因。填写《固定资产报废申请单》时,必须登记资产标签"编号",以便账目的调整。对于没有办理报废批准手续的设备,各单位负责做好保护工作,经设备及有关部门按审批权限进行审批后方可处理否则不得自行处理。报废设备原则上不允许继续留用,准备继续使用的设备不批准报废。

表 6-23 固定资产报废申请单

申报单位: 年   月   日

设备编号	设备名称	型号规格及配置描述	机器编号	数量	单价	生产厂家	购置日期	设备现状描述

维修情况(附维修记录材料)	

报废理由(单价1万元以上,附论证报告):	技术鉴定意见(可另附纸):
资产管理人员签字:	组长签字: 鉴定人员签字:

审批意见

使用单位负责人意见:	设备管理部门负责人意见(签章):	资产管理处审核意见:	主管领导审批:
年 月 日	年 月 日	年 月 日	年 月 日

报废设备回收情况记录: 年 月 日	申报单位联系人: 电 话:

注:(1) 单价 2 000 元、批量 10 000 元以下,由申报单位组织 3 人以上专家鉴定,资产管理处参与;

(2) 单价 2 000 元、批量 10 000 元(含)以上,由资产管理处组织专家鉴定;

(3) 本审批单一式三份报资产管理处,经审批后,资产管理处、财务处、申报单位各存一份。

2. 设备报废的审批程序

申请单经设备部门初步审查后,由质量部门鉴定,经工艺、财务部门会签,并由设备管理部门审核后,将使用部门填写的《设备报废申请单》,连同报废鉴定书,送交公司主管领导批准。

3. 实地清点

经批准报废后,设备部门负责通知有关设备报废的申请部门和财务部门等,商定实地清点办法。清点核对结束后,由各相关部门负责人在《固定资产报废申请单》上签字。设备部门负责根据《固定资产报废申请单》调整部门固定资产实物账目;财务处部门负责监督报废资产价值的变更情况,调整有关资产账目。有关报废资产搬运等工作由提出报废的部门和设备管理部门负责,可在资产转让协议谈判时事先约定并遵照执行。

4. 批准后的报废设备的处理

由设备管理部门参照设备性能和市场价格,制定处理参考价格,报公司主管经理审批后对外公开进行比价确定高价后处理;报废设备的变现收入应上缴公司财务部门入账。报废设备处理后设备管理部门应及时办理设备销账手续和建立报废设备处理台账;整理和保留报废申请、销售单、转账单等各种资料,以备查验。

对报废设备的处理应贯彻先利用、后处理,做到尽其用,尽可能地提高报废和闲置设备的再利用价值的原则。对于报废设备处理的资产可留作企业作为更新改造基金。具体可遵循以下原则:

(1) 通常报废设备应从生产现场拆除,使其不良影响减少到最低程度。同时仔细做好报废设备的处理工作,做到物尽其用,将部分零件尚有使用价值的,尽可能的拆零利用,发挥其余热。

(2) 一般情况下,报废设备只能拆除需利用的部分零部件,不应再向外流,以免落后、陈旧、淘汰的设备再次投入社会使用。

(3) 由于发展新产品或工艺进步的需要,某些设备在本企业不宜使用,但尚可提供给其他企业使用,将这些设备作报废(属于提前报废)处理时,应向上级主管部门和国有资产管理部门提出申请,核准后予以报废。

评分标准

表 6-24

组别：　　　　　考件号：　　　　　　考核日期：　　　　　年　　月　　日

序号	考核内容	配分	得分	制定要求
1	设备范围	15		范围规定全面、明确
2	审批程序	45		审批程序严谨、高效
3	固定资产帐务处理	20		帐务处理清楚、简练
4	附表	20		附表详尽、明了
合计		100		

考试时间：90 分钟

附录一 常用检测工具简介

名称	塞尺
特点	由坚硬的、磨光的锥形刀片制成,表面上附有钢的字体;刀片尺寸约:100mm×15mm;每个刀片上面都有清晰的标记以达到读数的方便; 10 刀片分别是: 0.05,0.10,0.15……0.60,0.70,0.80mm; 13 刀片分别是: 0.05,0.10,0.15…… 0.80,0.90,1.00 mm; 20 刀片分别是: 0.05,0.10,0.15…… 0.90,0.95,1.00mm; 32 刀片分别是: 0.03,0.04,0.05……0.85,0.90,1.00mm
使用方法	在使用塞尺时,采用试测法。首先用目力判断被测间隙的大小,然后选用厚的尺片(或多片拼起来)去塞,如果塞不进,或者进去太松了,则换一片(或者去掉一片或两片)再塞,一直试到恰好能塞进去,不松也不紧,这厚度尺寸即为被测间隙大小
维护保养	1. 擦塞尺片时,要顺擦,不要逆擦,以防止折断尺片 2. 使用时,手模尺面看有没有毛刺或凸凹不平,如果有就不要使用 3. 尺面上标的尺寸辨认不清时,应送计量部门鉴定,自己不要使用千分尺或者其他测量器具来标定
名称	千分表
图片	

使用 要点	1. 千分表属于精密仪器如上图,要小心提放和操作,必须把它可靠地固定在表架(万能表架或磁性表架),以免受振动而晃动,影响测量结果的准确性或摔坏千分表 2. 测量头与被测表面接触时,测量杆应事先有 0.3 mm～1.0 mm 的压缩量,以便保持测量头与被测表面之间有一定的初始测力,提高显示值的稳定性。为了读数方便,测量前一般都将千分表大指针的起始位置对准零位 3. 不要快速转动指针,以免损坏千分表内部的齿条及齿轮 4. 正确地选择其量程,估计测量范围,应使指针转动范围尽量地小 5. 千分表测量头和被测量零件表面应保持干净,如有灰尘和其他异物,会影响其测量精度和准确性。被测量表面如果有油迹,应用绸布或不起毛的织物将其拭净
名称	扭力扳手
图片	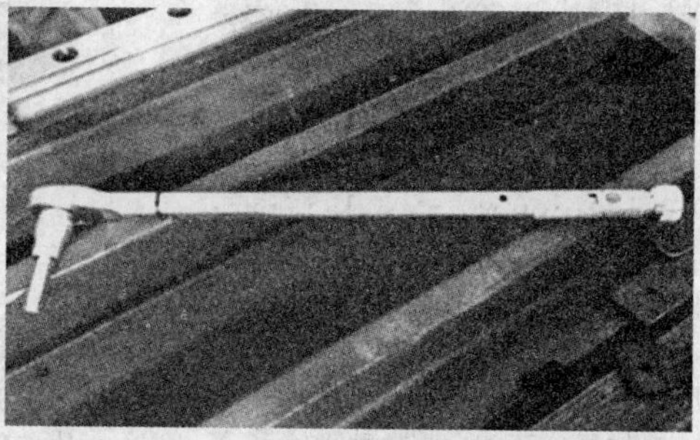
特点	1. 具有预设扭矩数值和声响装置。当紧固件的拧紧扭矩达到预设数值时,能自动发出讯号"卡嗒"(click)的一声,同时伴有明显的手感振动,提示完成工作。解除作用力后,扳手各相关零件能自动复位如上图 2. 可切换二种方向。拨转棘轮转向开关,扳手可逆时针加力 3. 公、英制(N. m、lbf. ft)双刻度线;手柄微分刻度线。读数清晰、准确 4. 合金钢材料锻制,坚固耐用,寿命长。校准追溯至美国国家技术标准学会(NBS) 5. 精确度符合 ISO 6789:1992. ASME B107.14, GGG-W-686. ± 4%
使用 要点	1. 根据工件所需扭矩值要求,确定预设扭矩值 2. 预设扭矩值时,将扳手手柄上的锁定环下拉,同时转动手柄,调节标尺主刻度线和微分刻度线数值至所需扭矩值。调节好后,松开锁定环,手柄自动锁定 3. 在扳手方榫上装上相应规格套筒,并套住紧固件,再在手柄上缓慢用力。施加外力时必须按标明的箭头方向。当拧紧到发出信号"卡嗒"(click)的一声(已达到预设扭矩值),停止加力。一次作业完毕 4. 大规格扭矩扳手使用时,可外加接长套杆以便操作省力 5. 如长期不用,调节标尺刻线退至扭矩最小数值处 6. 正确地选择其量程,估计测量范围,应使指针转动范围尽量地小 7. 千分表测量头和被测量零件表面应保持干净,如有灰尘和其他异物,会影响其测量精度和准确性。被测量表面如果有油迹,应用绸布或不起毛的织物将其拭净

附录二 数控机床试切件检验标准

序号	课题	课题	行位公差	英文缩写
	$L=320$	$L=160$		
a	0.0010	0.0007	圆柱度	CY
b	0.0010	0.0007	轴线与基面的垂直度	PE
c	0.0010	0.0007	侧面的直线度	ST
d	0.0013	0.0007	垂度	PE
e	0.0013	0.0007	平行	PA
f	0.0010	0.0007	侧面直线	ST
g	0.0013	0.0007	倾斜度	AR
h	0.0016	0.0012	圆度	CR
i	0.0016	0.0016	同心度（小孔与大外圆）	CN
j	0.0010	0.0007	直线度	ST
k	0.0013	0.0007	倾斜度	AR
n	0.0030	0.0030	位置度	D
s	0.0014	0.0013	同心度	CN

附录三　机床校验单

检验课题	允差		实测
	$L=320$	$L=160$	
中心孔			
a) 圆柱度	a) 0.015	a) 0.010	a)
b) 孔中心轴线与基面 A 的垂直度	b) $\varnothing 0.015$	b) $\varnothing 0.010$	b)
正方形			
c) 侧面的直线度	c) 0.015	c) 0.010	c)
d) 相邻面与基面 B 的垂直	d) 0.020	d) 0.010	d)
e) 向对面对基面 B 的平行度	e) 0.020	e) 0.010	e)
棱形			
f) 侧面的直线度	f) 0.015	f) 0.010	f)
g) 侧面对基面 B 的倾斜度圆	g) 0.020	g) 0.010	g)
h) 圆度	h) 0.020	h) 0.015	h)
i) 外圆和内圆孔 C 的同心度	i) $\varnothing 0.025$	i) $\varnothing 0.025$	i)
斜面			
j) 面的直线	j) 0.015	j) 0.010	j)
k) 3°角斜面对 B 面的倾斜度	k) 0.020	k) 0.010	k)
镗孔			
n) 孔相对于内孔 C 的位置	n) $\varnothing 0.05$	n) $\varnothing 0.05$	n)
s) 内孔与外孔 D 的同心度。	s) $\varnothing 0.02$	s) $\varnothing 0.02$	s)

附录四 试切件三坐标检测报告

TOLERANCE（CY39） CYLINDRICITY CY50 圆柱度			
0.0035	0.0000	OUTOL	a
TOLERANCE（CR32） CYLINDRICITY CI1039 圆柱度			
0.0049	0.0000	OUTOL	h
TOLERANCE（PE154） PERPENDICULARITY LI455（PL509）垂直度			
0.0046	0.0000	OUTOL	b
TOLERANCE（CN125） CONCENTRICITY CI1039（CI1037）垂直度			
0.0141	0.0000	OUTOL	i
TOLERANCE（CN131） CONCENTRICITY CI1074（CI1062）垂直度			
0.0064	0.0000	OUTOL	s
TOLERANCE（CN130） CONCENTRICITY CI1060（CI1061）垂直度			
0.0112	0.0000	OUTOL	s
TOLERANCE（CN140） CONCENTRICITY CI1059（CI1048）垂直度			
0.0020	0.0000	OUTOL	s
TOLERANCE（CN145） CONCENITRICITY CI1040（CI1047）垂直度			
0.0122	0.0000	OUTOL	s
TOLERANCE（D2113） POSITION_2D CI1074（,）位置度			
0.0096	0.0000	OUTOL	n
TOLERANCE（D2114） POSITION_2D CI1061（,）位置度			
0.0258	0.0000	OUTOL	n
TOLERANCE（D2115） POSITION_2D CI1059（,）位置度			
0.0175	0.0000	CI1059（,）	n
TOLERANCE（D2116） POSITION_2D CI1104（,）位置度			
0.0154	0.0000	OUTOL	n
TOLERANCE（ST224） STAIGHTNESS LI467 直线度			
0.0006	0.0000	OUTOL	c
TOLERANCE（ST225） STAIGHTNESS LI466 直线度			
0.0007	0.0000	OUTOL	c

TOLERANCE（ST226） STAIGHTNESS LI465 直线度			
0.0007	0.0000	OUTOL	c
TOLERANCE（ST227） STAIGHTNESS LI462 直线度			
0.0010	0.0000	OUTOL	c
TOLERANCE（ST228） STAIGHTNESS LI461 直线度			
0.0000	0.0000	OUTOL	f
TOLERANCE（ST229） STAIGHTNESS LI460 直线度			
0.0028	0.0000	OUTOL	f
TOLERANCE（ST230） STAIGHTNESS LI459 直线度			
0.0022	0.0000	OUTOL	f
TOLERANCE（ST231） STAIGHTNESS LI458 直线度			
0.0020	0.0000	OUTOL	f
TOLERANCE（ST232） STAIGHTNESS LI457 直线度			
0.0030	0.0000	OUTOL	j
TOLERANCE（ST233） STAIGHTNESS LI456 直线度			
0.0006	0.0000	OUTOL	j
TOLERANCE（AR48） ANGULARITY PL514（PL510）倾斜度			
0.0049	0.0200	30.0000 OUTOL	g
TOLERANCE（AR233） STAIGHTNESS LI456 倾斜度			
0.0024	0.0200	3.0000 OUTOL	k

参 考 文 献

［1］FANUC 0i C 维修说明书. 北京发那科机电有限公司

［2］FANUC 0i C 连接说明书(功能). 北京发那科机电有限公司

［3］FANUC 0i C 连接说明书(硬件). 北京发那科机电有限公司

［4］FANUC 0i MC 参数说明书. 北京发那科机电有限公司

［5］FANUC 0i MC 操作说明书. 北京发那科机电有限公司

［6］SINUMERIK 802D base line 开机调试. 西门子公司

［7］SINUMERIK 802D solution line 简明调试手册. 西门子公司